50

вещей, которые можно увидеть в небольшой телескоп

Джон Рид

(John Read)

www.facebook.com/50ThingstoSeewithaSmallTelescope

Карты звездного неба в настоящей книге подготовлены с помощью Stellarium, http://stellarium.org/, программы-планетария с открытым исходным кодом.

Изображение на обложке сделано Шоном МакКали (Sean McCauley). Информация о том, как связаться с Шоном по поводу фото и видео, доступна на его веб-сайте (ссылка ниже). http://silhouetteproductions.com

Изображения следующих телескопов любезно предоставлены компанией Celestron:
Celestron FirstScope (стр. 10), Celestron PowerSeeker 114Az (стр. 10) и Celestron NexStar 6se (стр. 11)

Изображения следующих телескопов перепечатаны с разрешения компании Orion Telescopes & Binoculars, www.telescope.com:
6-дюймовый Orion SkyQuest (стр. 10), 8-дюймовый Orion SkyQuest (стр. 11)

Изображение Meade Lightbridge Dobsonian любезно предоставлено компанией Meade Instruments.

Исходные файлы вида объектов далекого космоса в телескоп составлены на основе реальных астрофотографий и размещены в книге с разрешения следующих астрофотографов:

Марк Стенфорд Ст. (Mark Stanford Sr): Тройная туманность
Стюарт Формэн (Stuart Forman): Двойное скопление, M1, M13, M27, M81 и M82, M51 M81 (добавлена сверхновая).
Майк Хармс (Mike Harms): Андромеда, комета, M42

Изображения НАСА (NASA) соответствуют руководству НАСА по использованию фотографий, ознакомиться с которым можно по следующей ссылке:
http://www.nasa.gov/audience/formedia/features/MP_Photo_Guidelines.html

График солнечного и лунного затмений основан на данных, полученных Фредом Эспенаком (Fred Espenak) во время его пребывания в Центре космических полетов имени Годдарда (НАСА). Разрешения предоставлены бесплатно на основании руководства, ознакомиться с которым можно по следующей ссылке: http://eclipse.gsfc.nasa.gov/SEpubs/5MCSE.html

Эта книга посвящена Дженнифер, которая практически постоянно слушает мои рассказы о космическом пространстве.

Благодарности

Хочу выразить свое признание Мэрни Берендсен (Marni Berendsen), организатору сети астрономов-любителей НАСА (NASA Night Sky Network), за ее огромный вклад в редактирование этой книги и проверку содержащихся в ней фактов.

Также хочу поблагодарить Астрономическое сообщество горы Диабло (Mount Diablo Astronomical Society, MDAS) за нескончаемую подпитку моего желания узнать больше о Вселенной. Эта книга не была бы написана без поддержки всех замечательных людей из MDAS.

Чтобы узнать о ближайшем к вам астрономическом клубе, перейдите по ссылке ниже:

https://nightsky.jpl.nasa.gov

От автора

Когда я смотрю в телескоп, я открываю для себя новый и фантастический мир.

Знаю, что вы хотите сразу перейти к середине этой книги, выбрать для себя что-то интересное, а затем попробовать увидеть это в свой телескоп. Обратите внимание, что лишь треть всех небесных тел, описанных в книге, будет видна в любой отдельно взятый вечер. Перед поездкой на природу не забудьте скачать программное обеспечение для созерцания звезд, например, Stellarium (доступно бесплатно по ссылке http://www.stellarium.org). Используя это программное обеспечение вам необходимо определить сезон, когда ваш целевой объект будет виден. Также, я присвоил определенный уровень сложности каждому объекту (измеряемый в сверхновых). В целом, эта книга организована в порядке возрастания сложности.

Так как я исследую небо северного полушария, внимание этой книги в основном сконцентрировано на нем. Прошу прощения у Австралии, Бразилии и всех наших друзей из южного полушария.

И наконец, первое из многих напоминаний: не смотрите на солнце в телескоп без использования специального солнечного фильтра! Приятного чтения!

Содержание

6

Введение

Эта книга предназначена для владельцев небольших телескопов. В этой книге небольшой телескоп означает любой телескоп, купленный за несколько сотен, или менее, долларов. Одной из целей настоящей книги является освещение сложностей, с которыми обычно сталкиваются владельцы, впервые купившие небольшой магазинный телескоп. Честно говоря, изначально книга называлась *«50 вещей, которые можно увидеть в магазинный телескоп».*

Многие используют телескопы один раз, а затем оставляют их пылиться на самом дне кладовки. Иногда люди покупают телескопы исходя из привлекательных картинок планет и галактик на упаковке, которые заставляют их думать, что их новый телескоп настолько же мощный, как космический телескоп «Хаббл».

Возможно, вы уже пробовали пользоваться телескопом и обнаружили, что монтировка у него шаткая, оптика слабая, а компьютер (если есть), запрограммированный на 14 000 объектов, не может отличить Юпитер от Луны.

Мои первые три телескопа полностью подпадают под это описание. Будучи ребенком, я часами наблюдал за случайными объектами космоса и мечтал в один прекрасный день увидеть что-то невероятное. Я отчаянно надеялся увидеть то, что зажжет во мне огонь и положит начало моей успешной карьере астронавта.

Такой опыт я испытал, будучи уже взрослым человеком с успешной карьерой в бухгалтерском учете организаций, когда во мне действительно загорелся огонек любви к астрономии. В местном магазинчике продавались небольшие телескопы за 13,99 долларов. Их упаковка пестрела изображениями Сатурна и Юпитера. Я подумал: *«А почему бы и нет, все-таки куплю этот телескоп!»*

Я занес телескоп домой и собрал его. «Этот телескоп действительно **не** очень хорош!» - подумал я, почувствовавши жалость по поводу потраченных денег на эту рухлядь. Вместо стандартной монтировки у телескопа была тренога для обычной камеры, основная линза была размером с большую монету, окуляры были довольно маленькими, а искатель, по-видимому, служил просто украшением.

Несмотря ни на что я решил попробовать. Итак, я вынес телескоп на улицу, установил его напротив своей квартиры, под уличным фонарем недалеко от станции метрополитена. Затем я направил свой небольшой телескоп на яркую желтую звезду, которая только что поднялась над горизонтом.

«Ничего себе!» - подумал я, когда мой шаткий телескоп стабилизировался в тот безветренный и безоблачный вечер. Предо мной, в идеальном разрешении и фокусе, без малейшего искажения, впервые в своей жизни, я увидел кольца Сатурна.

Для большинства читателей их первый купленный (или подаренный) телескоп, это головная боль. Чтобы просто посмотреть в окуляр приходится буквально вытягивать свою шею. Так вот, эта книга для вас.

Кто же вдохновил меня написать эту книгу? Я довольно много занимаюсь волонтерской работой в местном астрономическом сообществе по распространению информации среди населения через астрономический клуб НАСА «Night Sky Network». Мы посещаем школы и рассказываем ученикам об астрономии и как пользоваться телескопом. Несмотря на то, что мы живем в Калифорнии, небо не всегда на 100% безоблачное. Вот типичный разговор:

Ученик: «Мы можем посмотреть на Солнце?»

Я: «Нет, Солнце видно только днем».

Ученик: «А на Луну можно посмотреть?»

Я: «Нет, ее сегодня нет. Но есть огромное количество других вещей, которые можно увидеть».

Ученик: «Каких вещей?»

В это время начинают сгущаться тучи.

Я: «Как вот это!» - направляю телескоп на Сатурн.

Ученик: «Ничего не видно».

Я: «М-да, туча разместилась как раз напротив Сатурна».

Ученик уходит.

Когда такое происходит, надо что-то придумывать, а то все окунаются в хаос. Ученикам становится нудно, и они начинают бросаться вещами друг в друга. Учителя в это время указывают на них фонариками, светя им в глаза. Стоит только отвлечься на десять секунд и, с удивлением обнаруживаешь, что один из учеников уже успел оседлать твой телескоп.

Поэтому, иногда необходимо мыслить нестандартно. Урок астрономии проходил на вершине горы Диабло, когда накатили тучи. Я решил направить телескоп на красный фонарь, что на вершине смотрового здания, расположенного на горе. Ученики пришли в восторг!

Фонарь находился в полукилометре от нас, но мы все равно могли видеть конденсат на стенках красного фонаря и порхающих вокруг него мотыльков.

Ребята заметили, что лампочка в телескопе была видна вверх ногами, и мне пришлось объяснить, как это связано с линзами и зеркалами телескопа. Когда смотрели на электрическую лампочку на расстоянии полукилометра, все смогли почувствовать силу телескопа, увидеть что-то знакомое, что-то столь маленькое и далекое.

Ребята рассматривали лампочку в течение получаса. За это время около ста человек посмотрели в телескоп. Вероятно, что в тот вечер появилось столько же будущих ученых, сколько и в идеальный безоблачный вечер.

Еще нет телескопа?

Со времени публикации первой версии этой книги в 2013 году, многие спрашивали меня, какой телескоп им купить исходя из определенного бюджета. Общий ответ звучит так: «Зависит от потребности». Не люблю этот ответ. У большинства начинающих астрономов-любителей одна цель – **увидеть что-то интересное**. Они не пытаются делать снимки либо совершать революционные научные открытия. Принимая это во внимание, мое единственное правило по рекомендации для первого телескопа, это приобрести телескоп с самой большой апертурой, которую вы себе можете позволить (апертура – это диаметр основной линзы или зеркала). Я

Celestron FirstScope

придерживаюсь такого совета, так как это лучший способ увидеть что-то интересное.

Если ваш бюджет от 25 до 50 долларов

Апертура этого настольного телескопа 76мм, что более чем достаточно для того чтобы увидеть все объекты этой книги. А еще за 50 долл. вы можете докупить легкую в установке монтировку.

От 50 до 150 долларов

В этом ценовом диапазоне вы можете подыскивать себе телескопы с апертурой больше 110мм (~4,5 дюйма). Это обеспечит прекрасную видимость колец Сатурна и сотен объектов глубокого космоса.

Celestron PowerSeeker 114AZ

6-дюймовый Orion SkyQuest

Совет от профи: подумайте о покупке б/у телескопа, чтобы выжать максимум из своего бюджета!

От 150 до 300 долларов

В этом диапазоне доступны прекрасные телескопы. Постарайтесь найти телескоп с диаметром 6 дюймов, вы не пожалеете! В этом плане добсоновские телескопы просто прекрасны.

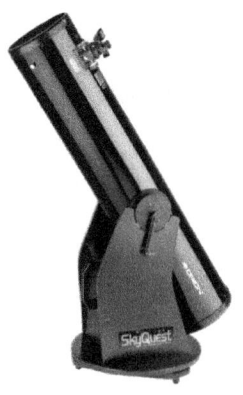

От 300 до 500 долларов

Вот это другое дело! Здесь становятся доступны апертуры от 8 до 10 дюймов. Лично я предпочитаю добсоновские телескопы за простоту в использовании и возможность созерцать потрясающие виды галактик, туманностей и шаровых звездных скоплений.

8-дюймовый Orion SkyQuest

От 500 до 1000 долларов

В этом ценовом диапазоне можно задуматься над тем, чтобы променять апертуру на компьютеризированный телескоп. Тем не менее, 12-дюймовый добсоновский телескоп – это серьезная вещь. В темном небе вы можете увидеть далекие кометы и тусклые галактики. Некоторые даже используют такие телескопы для поиска еще не обнаруженных сверхновых!

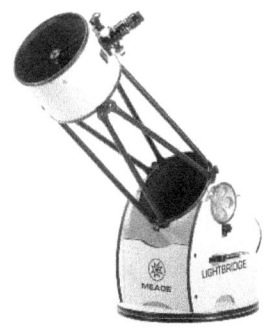

Meade Lightbridge Dobsonian

Апертура телескопов с автонаведением и компьютеризированных телескопов стоимостью до 1000 долларов обычно больше 6 дюймов. Кроме того, многие телескопы с автонаведением обладают такими интересными функциями, как туры по небу и отслеживание спутников.

Celestron NexStar 6se

Уровни сложности

Вот полезное руководство по уровням сложности наблюдения каждого объекта.

1 сверхновая:

да ладно, вы не видели это раньше?

2 сверхновых:

вероятно один из самых ярких небесных объектов.

3 сверхновых:

если вы это видите, получите звание астронома-любителя!

4 сверхновых:

настоящие астрономы завидуют вашим достижениям*

5 сверхновых:

скорее всего вы только что открыли реальную сверхновую и теперь часто даете интервью!

*Иногда требуются часы терпения, чтобы наконец-то найти искомый объект, который не всегда будет выглядеть зрелищно, но не в этом ведь суть. Суть в том, чтобы наслаждаться теми объектами, которые вы можете видеть! Надеюсь, эта книга поможет вам насладиться настоящим великолепием окружающего нас космоса.

Заметка о цвете

Знаете ли вы, что при тусклом освещении человеческий глаз может видеть лишь белое и черное?

Галактики и туманности приобретают цвет только при использовании цифровой камеры. Многие объекты, снятые с помощью профессиональных телескопов, даже не находятся в длинах волн, которые может видеть человеческий глаз! В таком случае астрономы назначают определенной длине волны света тот цвет, который человеческий глаз *может* видеть. Такой цвет часто называется ложным цветом.

В этой книге описано то, что **вы** можете ВИДЕТЬ в свой телескоп, а не то, что может снять камера. Астрономы, занимающиеся визуальной астрономией, часто ссылаются на «прекрасные кляксы», так как без камеры именно так выглядит большинство объектов глубокого космоса.

Поэтому, эта книга отличается от большинства других книг для начинающих астрономов. Также, я решил выпустить печатную версию книги в черно-белом цвете, что сэкономит вам, начинающим астрономам, почти 15 долларов, которые вы можете отложить на покупку нового телескопа!

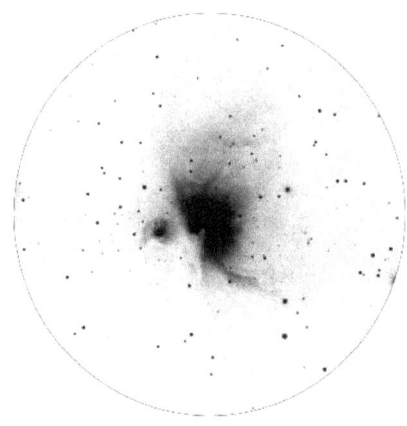

Ах, эта прекрасная клякса!

Что вам понадобится

1. Телескоп, полученный на Новый Год (Рождество, Хануку либо день рождения).

2. Базовое понимание того, как фокусировать и направлять его на яркие небесные объекты. За подробностями обращайтесь к руководству по эксплуатации вашего телескопа.

3. Приложение для созерцания звезд, например, «Stellarium» для Mac или ПК, доступное по следующей ссылке: http://www.stellarium.org или в магазине приложений. Приложение понадобится для определения положения многих объектов, указанных в данной книге. В большинстве случаев планеты не следуют определенному ежегодному календарю, поэтому вам необходимо программное обеспечение для определения текущего положения планеты на небе.

4. Если вы планируете смотреть в телескоп на солнце, вам необходимо приобрести солнечный фильтр. Во время наблюдения за Солнцем, ВСЕГДА используйте солнечный фильтр поверх **линзы объектива** или **основного зеркала**. Солнечные фильтры можно приобрести в любом онлайн-магазине телескопов.

Никогда не используйте солнечный фильтр, покрывающий только окуляр. Солнечный свет будет жечь сквозь фильтр, и ВЫ МГНОВЕННО ОСЛЕПНЕТЕ.

1. Полярная звезда

У многих людей ошибочное представление о том, какая звезда на самом деле Полярная. Одни думают, что это самая яркая звезда на небе. Некоторые даже спорили со мной по поводу того, какая звезда Полярная, указывая на Сириус (которая обычно расположена южнее) только потому, что она была самой яркой в то время. На самом деле, Полярная звезда по яркости занимает 48 место в ночном небе!

Чтобы найти Полярную звезду, следуйте в направлении двух звезд, формирующих переднюю часть ковша Большого Ковша (Большой Медведицы), к ближайшей самой яркой звезде (как показано на рисунке ниже). На самом деле, Полярная звезда представляет собой видимую двойную звезду, и с помощью своего телескопа вы можете увидеть вторую звезду под названием Полярная B!

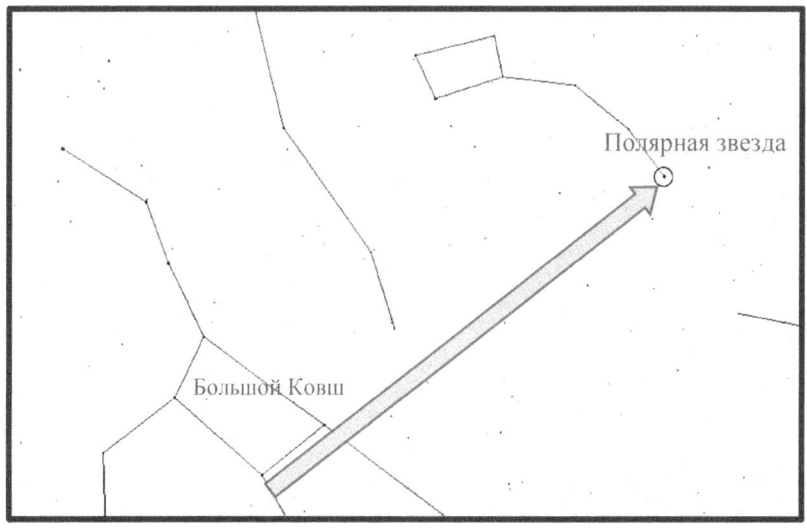

Полярная звезда очень важна для жителей северного полушария у кого телескоп с экваториальной монтировкой. Для того чтобы такой тип монтировки работал правильно, одна ось должна точно указывать на эту звезду.

Мои извинения австралийцам, бразильцам и другим жителям южного полушария за упоминание объектов, которых вы не можете наблюдать в своей родной стране.

Сложность: 1 сверхновая.

2. Венера

О, Венера! Эту прекрасную планету названо в честь римской богини любви и красоты. Так как Венера находится ближе к Солнцу, чем Земля, Венера никогда не забирается высоко в ночном небе и так как она всегда находится близко к солнцу, вы можете ее видеть сразу после заката или прямо перед восходом.

Венера – яркая, очень яркая. Что интересно, Венера является одним из основных источников наблюдения НЛО среди пилотов. Происходит это по причине оптической иллюзии. Объекты, наблюдаемые с большого расстояния, кажутся неподвижными, поэтому если наблюдатель (человек, наблюдающий за объектом) находится в движении, это создает иллюзию преследования объектом, которым в данном случае является Венера.

Как сказано выше, Венеру можно увидеть либо перед восходом, либо сразу после заката. Чтобы найти точное положение Венеры, воспользуйтесь программой Stellarium.

Наблюдая за Венерой, обратите внимание на ее частичную схожесть с луной. Это потому что фазы Венеры совпадают с фазами луны, так как Венера находится ближе к Солнцу, чем Земля, иногда мы видим ее ночную сторону.

Когда кто-то другой смотрит в ваш телескоп и говорит: «Я нашел луну!» - попросите их отойти и посмотреть, куда на самом деле направлен телескоп.

Сложность: 2 сверхновых.

Снимок Венеры, сделанный станцией Маринер 10

Вид Венеры в телескоп

3. Аркой к Арктуру и пикой к Спике!

Переход от звезды к звезде, используя образы и фразы, это самый лучший способ изучить ночное небо.

Начиная с весны, фраза «аркой к Арктуру и пикой к Спике», это прекрасный способ навигации по восточному небосклону. Мысленно проведите арку через звезды ручки большого ковша до яркой оранжевой звезды Арктур. Затем по прямой (пикой) к голубоватой звезде Спика.

Звезда Арктур – оранжевый гигант и четвертая самая яркая звезда в небе, а Спика – голубой гигант и пятнадцатая самая яркая звезда. Звезда Спика расположена в созвездии Девы, а Арктур расположена в созвездии Волопас.

Звезда Арктур интересна тем, что в течение вашей жизни она будет передвигаться по отношению к другим звездам (около одной седьмой диаметра луны за 100 лет). На самом деле она движется со скоростью больше 140 километров в секунду, настолько быстро, что через полмиллиона лет она вообще исчезнет из вида!

Спика – вращающаяся и переменная звезда (ее яркость то увеличивается, то уменьшается). Скорость вращения этой звезды на экваторе составляет около 200 км в час, и с каждым вращением ее яркость немного меняется.

Сложность: 1 сверхновая.

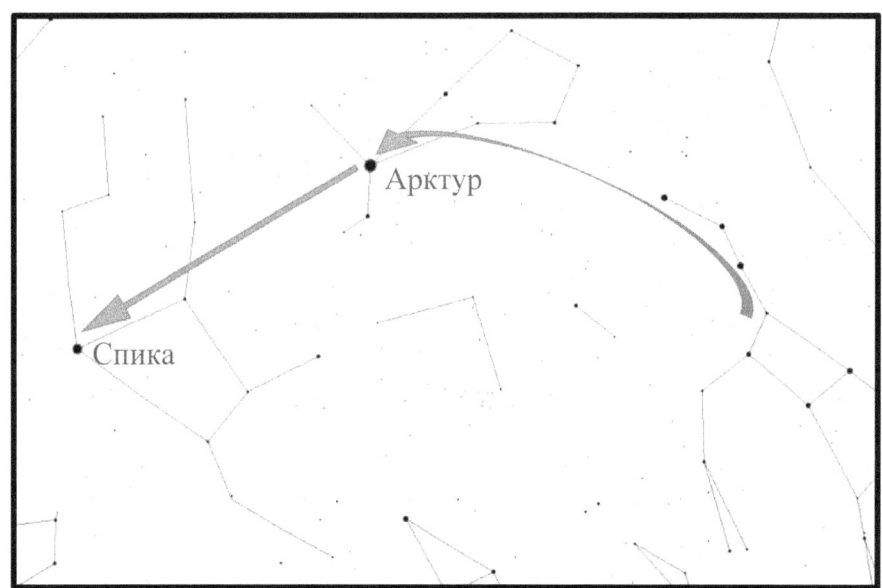

4. Бетельгейзе

Да, это та самая Бетельгейзе, недалеко от которой, как утверждается, был написан роман *«Автостопом по галактике»*! Дети обожают эту звезду, потому что она звучит как Битлджус (фильм, на создание которого вдохновило название звезды).

Эта большая красная звезда непременно удивит тех, кто думает, что все звезды белые (включая и меня до того, как два года назад я начал изучать астрономию). Ее яркость также меняется со временем. Обычно она 8-ая среди самых ярких звезд на небе, хотя иногда может быть настолько яркой как 6-я или тусклой как 20-я самая яркая звезда ночного неба!

Бетельгейзе найти несложно, так как это яркая звезда, расположенная у верхушки созвездия Ориона. Ее красный цвет довольно легко разглядеть в телескоп. Для контраста, перейдите ниже к Ригель, голубой звезде, которая подробно описана в следующей главе.

Звезды созвездия Ориона лучше всего видны осенью или зимой. Большинство находят Орион с помощью трех ярких звезд, которые расположены в одну линию и представляют собой пояс Ориона.

Сложность: 1 сверхновая

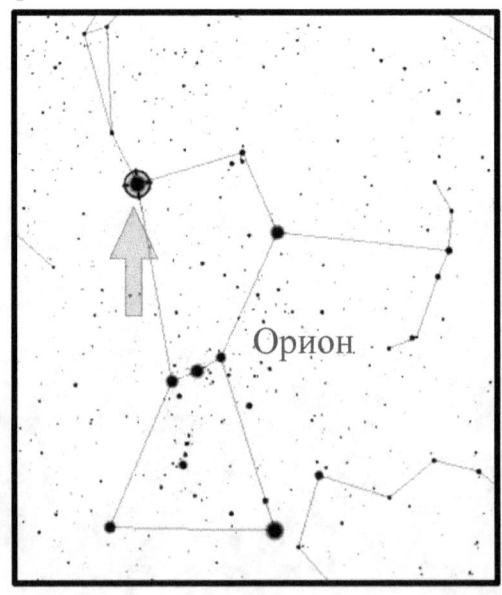

5. Ригель

Не одна, не две, а целых три звезды создают это свечение, расположенное у ноги Ориона. При совершенно темном небе можно отличить звезду А (голубой сверхгигант) и звезду В (более темная сопровождающая звезда). Что касается звезды С, то ее орбита проходит очень близко от звезды В и поэтому их невозможно отличить с помощью небольшого телескопа.

Что ж, если там расположены целых три звезды, то наверняка там должно быть много планет? Сценаристы «Звездного пути» («Star Trek») именно так и полагали. Планеты Ригель X, Ригель II или Ригель VII делают Ригель самым популярным местом в мире «Звездного пути»!

По состоянию на май 2013 г. вблизи Ригель планет не обнаружено. Тем не менее, ежегодно открываются тысячи новых планет. Обновленная база этих открытий доступна по ссылке ниже:

http://exoplanets.org/

Во время наблюдения сравните цвет и яркость Ригель с цветом и яркостью Бетельгейзе.

Сложность: 1 сверхновая.

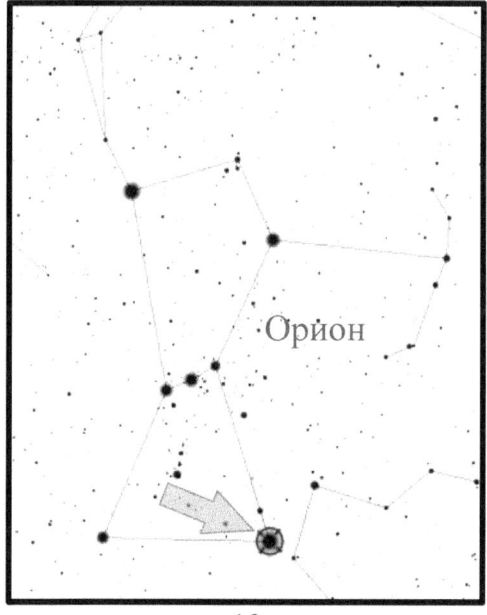

6. Туманность Ориона

Туманность Ориона часто называют «фабрикой звезд». Наблюдая за этой туманностью можно заметить огромное газовое облако, окружающее множество звезд. Название «фабрика звезд» возникло потому, что звезды образуются именно из этого газа.

Туманность Ориона входит в состав облака Ориона, которое также содержит туманность Конской Головы. Несмотря на то, что Конская Голова слишком тусклая, чтобы увидеть ее в небольшой телескоп, здесь расположена Планета Удов из сериала Би-Би-Си *«Доктор Кто»*.

Туманность Ориона – один из объектов глубокого космоса (за пределами нашей солнечной системы), который проще всего найти поздней осенью, зимой и ранней весной. Чтобы найти туманность, сначала найдите пояс Ориона, затем представьте себе его меч в виде звезд расположенных в ряд ниже пояса. Где-то на середине этого меча расположена туманность Ориона.

Сложность: 2 сверхновых. Определение положения туманности Ориона это как ездить на велосипеде. Сделав это раз, вы больше никогда не забудете, как это делать.

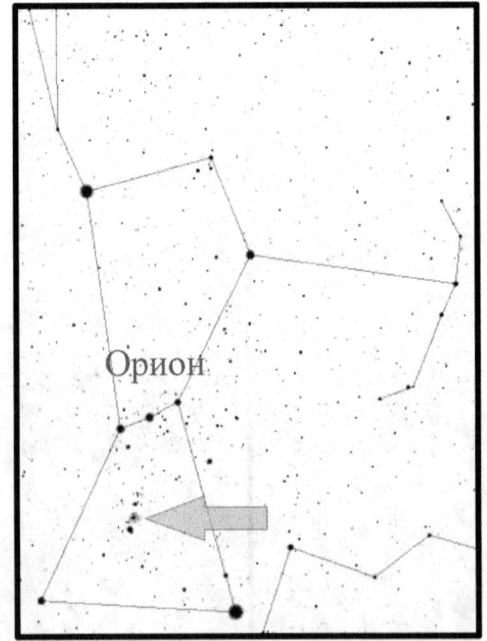

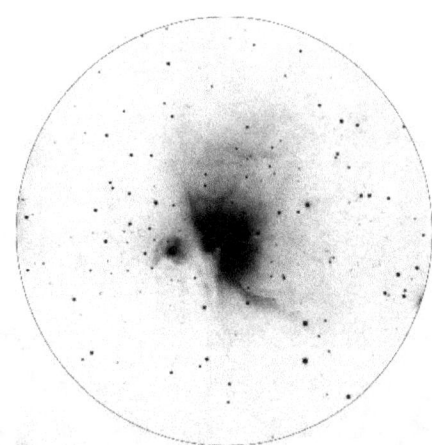

Туманность Ориона в телескоп

7. Сириус

Сириус – первая остановка тура Гарри Поттера (в книгах про Гарри Поттера упоминаются многие названия звезд и созвездий)! Эта звезда вдвое ярче любой другой звезды на небе и точно испортит ваше ночное зрение как минимум на полчаса! Звезда Сириус настолько яркая, что на большой высоте ее можно увидеть даже в дневное время!

Эту звезду также прозвали «собачья звезда» из-за ее отчетливой видимости в созвездии Большого Пса. Она также лежит в основе английского выражения «собачье лето» («Dog days of summer» - жаркие летние дни).

Звезда Сириус расположена слева от созвездия Орион. Ее можно четко видеть в небе южной части неба зимой и ранней весной.

Сложность: 1 сверхновая.

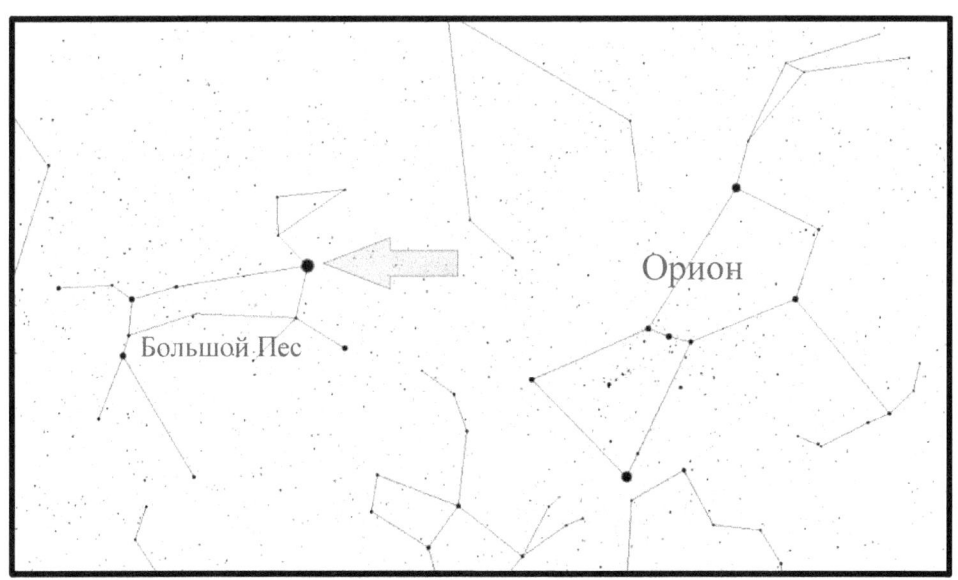

8. Луна

Ее невозможно не заметить! Даже в самые маленькие телескопы можно четко увидеть кратеры на ее поверхности.

Однажды я попытался заснять миссию НАСА «Lcross» *(Космический аппарат для наблюдения и зондирования лунных кратеров)* с помощью того телескопа, который я приобрел в магазине за 13,99 долларов. Во время этой миссии НАСА разбило космический аппарат о поверхность Луны для того, чтобы создать облако из лунной пыли, которое они могли бы проанализировать на предмет наличия следов воды. Падение должно было создать вспышку света, видимую с Земли, но я ничего не увидел. Оказалось, что падение было невидимым, потому что космический аппарат (который упал в южный кратер) упал на лунную почву, плотность которой была похожа на плотность снега!

За Луной можно наблюдать в ночном небе в течение около полумесяца. Если задуматься об этом, то все вполне понятно, так как многим из нас известно, что Луна обращается вокруг Земли за 27 дней. Иногда я удивляюсь, когда в безлунную ночь некоторые предполагают, что с помощью телескопа ее все-таки можно увидеть. Небольшое уточнение: если Луну невидно без телескопа, то в телескоп ее тоже не увидишь.

Сложность: 1 сверхновая.

Луна в небольшой телескоп

9. Близнецы: Кастор, Поллукс и метеоры

Созвездие Близнецов лучше всего видно зимой и весной в западной части неба после заката. Визуальный образ созвездия – держащиеся за руки близнецы. Звезды Кастор и Поллукс представляют собой головы этих близнецов.

В телескоп видно, что звезда Кастор (голова правого близнеца), это двойная звезда. На самом деле, Кастор – шестикратная звездная система. Все шесть ее звезд связаны между собой гравитацией. Однако эти шесть звезд можно отдельно рассмотреть лишь с помощью мощного телескопа либо с помощью спектроскопического анализа (разбивка света на отдельные длины волн).

Звезда Поллукс (голова левого близнеца) когда-то была звездой главной последовательности, как наше Солнце. Однако запасы ее водорода почти выгорели, и она превратилась в звезду-гиганта, во много превышающего радиус нашего Солнца. Поэтому ее цвет слегка оранжеватый. Поллукс также является самой яркой видимой звездой, вокруг которой вращается планета (хотя этот факт может измениться, так как ученые постоянно обнаруживают новые планеты).

В середине декабря можно наблюдать метеорный поток Геминиды, который является одним из самых мощных метеорных потоков года.

Сложность: 2 сверхновых.

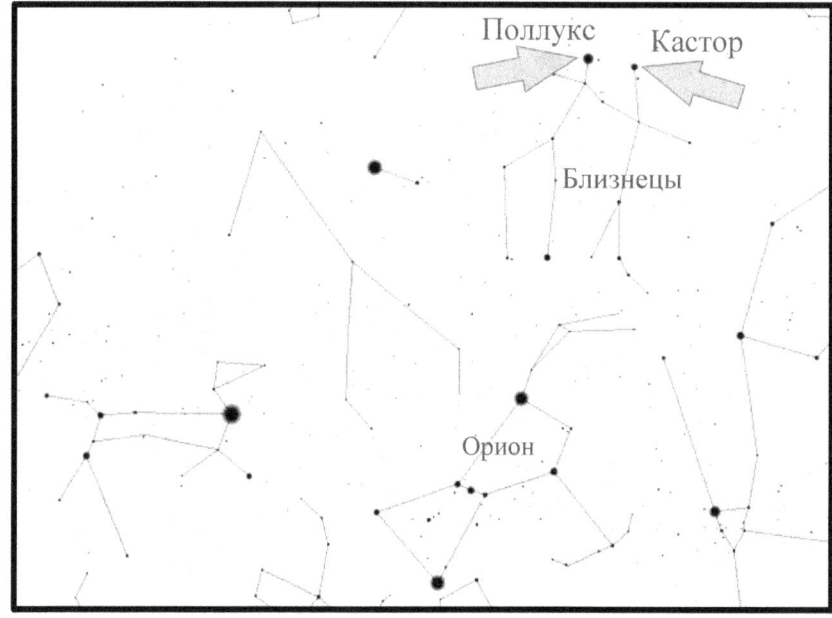

10. Марс

Да, в телескоп планета может выглядеть как обычный красный диск, но это же Марс! Продолжайте смотреть и фокусироваться, и тогда, возможно, вы увидите полярные ледяные шапки и разнообразие цветов марсианской почвы.

Приятно осознавать, что мужчины и женщины, находящиеся на Земле (в Лаборатории реактивного движения НАСА, округ Лос-Анджелес), удаленно управляют марсоходами размером с небольшой внедорожник и гольф-карт на поверхности Марса.

Так как Марс – планета, ее можно найти вдоль эклиптики*. Как и в случае с другими планетами, для точного положения воспользуйтесь Stellarium. Если вам известно, что Марс видно, постарайтесь найти темно-красную звезду вдоль эклиптики.

*Что такое эклиптика? Так как все планеты вращаются вокруг солнца в приблизительно одинаковой орбитальной плоскости, они будут появляться в определенном отрезке ночного неба. Что-то вроде самолета, следующего по одному и тому же маршруту. Эта дорожка называется эклиптикой и тянется от восточной части горизонта к его западной части. Это также и путь, который проходит солнце в дневное время.

Сложность: 2 сверхновых.

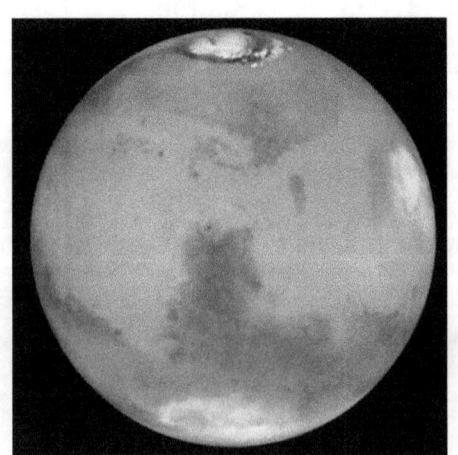

Снимок Марса, сделанный телескопом Хаббл

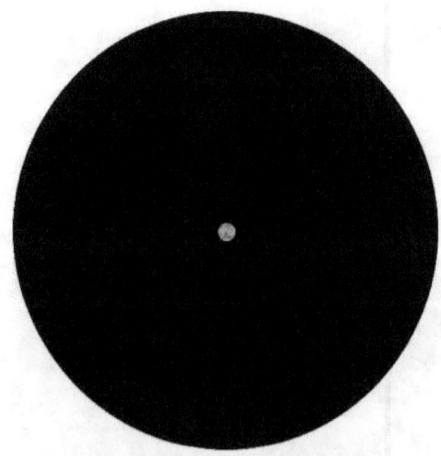

Марс в телескоп

11. Юпитер

Если вы хотите получить впечатление, посмотрите на Юпитер и его четыре крупных спутника: Европа, Ио, Ганимед и Каллисто! На протяжении полугода Юпитер один из первых появляется на ночном небе. Он может служить прекрасной целью для фокусировки телескопа и регулировки видоискателя.

Юпитер – огромная планета. Его масса в два с половиной раза превышает суммарную массу всех планет солнечной системы. В небольшой телескоп с хорошим фокусом вы не только сможете увидеть четыре спутника, обнаруженные Галилео в 1610 году, но и два наиболее широких облачных пояса самой планеты.

Чтобы найти Юпитер, отыщите самый яркий объект на небе в плоскости эклиптики (коридор движения планет по небу с востока на запад) либо поищите расположение в Stellarium или другой астрономической программе. Для достижения оптимального просмотра используйте окуляр средней мощности.

Как видно из фотографий ниже, сделанных детьми, Юпитер еще и прекрасный объект для улучшения навыков астрофотографии!

Сложность: 2 сверхновых.

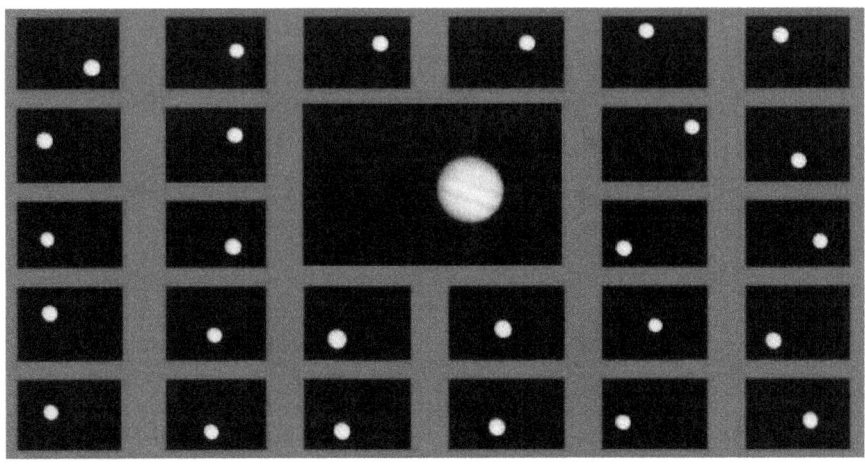

Фотографии планеты Юпитер, сделанные детьми в возрасте от 3 до 12

12. Европа

Спутники Юпитера настолько интересны, что каждый из них заслуживает отдельной главы.

Европа – самый маленький из четырех спутников, обнаруженных Галилео, и, по-моему, самый интересный. Все потому, что на Европе есть вода, много воды. Согласно последним подсчетам под поверхностью, покрытой льдом, находится океан, глубина которого может достигать до 100 км. Этот подсчет указывает на то, что на Европе находится в два раза больше воды, чем на Земле!

Спутники Юпитера меняют свое положение каждую ночь. С помощью небольшого телескопа очень сложно определить, где какой спутник. Лучший способ определить, какой из спутников Европа, это воспользоваться такой программой как Stallarium.

Сложность: 3 сверхновых.

Юпитер и его спутники (положение спутников меняется каждую ночь)

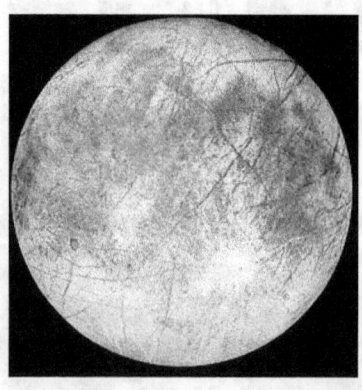

Снимок Европы, сделанный космическим аппаратом Галилео

13. Ио

Вы читали книгу *«Илион»* Дэна Симмонса? А стоит, потому что главный герой (робот-шахтер) именно из этого спутника.

Из всех спутников Юпитера, обнаруженных Галилео, Ио находится ближе всего к планете. Ио, также, самое геологически активное тело солнечной системы. На нем находится более 400 действующих вулканов!

Сложность: 3 сверхновых.

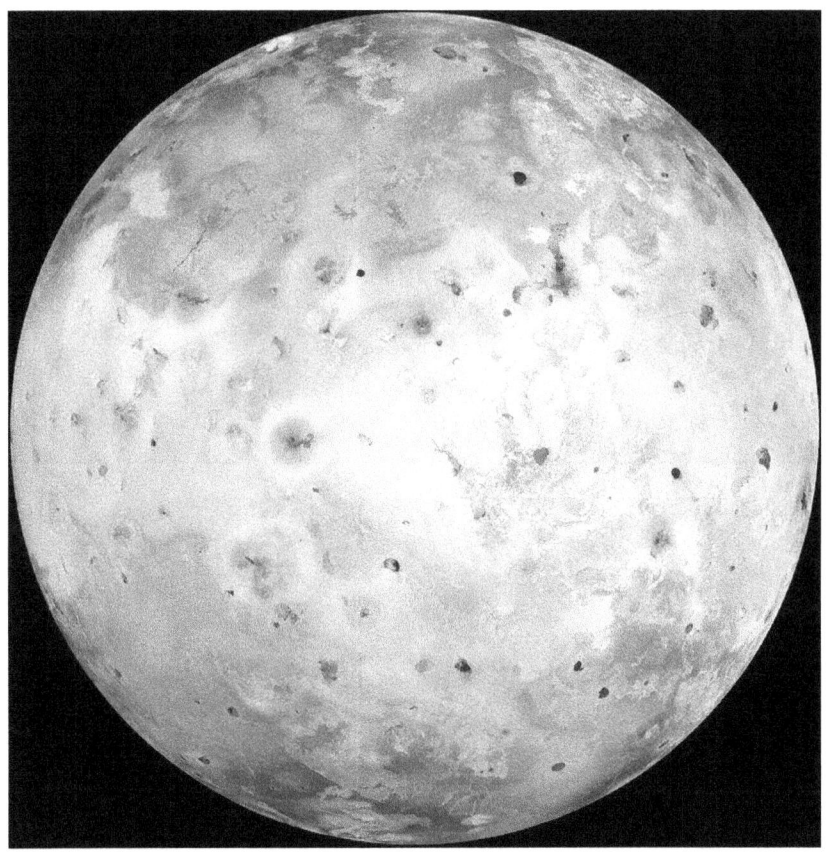

Снимок Ио, сделанный космическим аппаратом Галилео

14. Каллисто

Пакуйте чемоданы, так как Каллисто может стать вашим новым домом! У этого спутника самый низкий уровень радиационного фона из всех крупных спутников Юпитера и он вполне может стать новым местом обитания человека! Это при условии, что вы сможете выдерживать 400-часовые дни. Если вы когда-либо будете на Каллисто, не пытайтесь не спать всю ночь!

Когда наблюдаешь за Юпитером, его спутник Каллисто обычно расположен дальше всех от планеты. Его орбита проходит столь далеко, что его легко перепутать со звездой фона.

Сложность: 3 сверхновых.

Снимок Каллисто, сделанный космическим аппаратом Галилео

15. Ганимед

Этот спутник стал популярен благодаря телесериалу «Могучие рейнджеры» (с 1993 г.). На нем расположилась флотилия Зордов.

Что интересно, Ганимед – самый крупный спутник солнечной системы. Его масса вдвое превышает массу Луны!

Чтобы найти Ганимед, посмотрите, какой из спутников Юпитера самый большой и яркий. Для полной уверенности также рекомендую уточнить его расположение в астрономической программе.

Сложность: 3 сверхновых.

Снимок Ганимеда, сделанный космическим аппаратом Галилео

16. Сатурн

Стоит один раз взглянуть на Сатурн, и у вас вполне может возникнуть желание обменять свой автомобиль на телескоп аналогичной стоимости. Или нет. В любом случае это прекрасное зрелище.

Сатурн настолько прекрасен, что в честь него римляне назвали самый лучший день недели – субботу или «Sāturni diēs» (день Сатурна). Ведь первый час субботы управляется именно этой планетой.

Как и в случае с любой другой планетой, сначала с помощью Stellarium или другого приложения убедитесь, что планета находится высоко в ночном небе. Ее цвет – желтый, а находится она вдоль эклиптики.

Сложность: 2 сверхновых (3 сверхновых, если вы сможете сделать снимок колец с помощью камеры своего телефона).

Снимок Сатурна, сделанный космическим аппаратом Кассини

Сатурн в телескоп

17. Титан

Титан – самый большой спутник Сатурна. Лучше места для выхода из гиперпространства чтобы избежать обнаружения ромуланским шахтерским судном в фильме *Звездный путь 11»* и не придумаешь.

Интересно, что уровень гравитации Титана достаточно низкий и атмосфера достаточно плотная, чтобы надеть на руки небольшие крылья и взлететь как птица!

Кроме того, НАСА успешно посадило на поверхность Титана небольшой космический аппарат. 14 января 2005 года небольшой зонд *«Гюйгенс»* вошел в густую атмосферу Титана и приземлился на его поверхность. Зонд произвел ряд снимков поверхности спутника (фото справа).

В момент написания этой книги (2013 г.) Сатурн – весенняя и летняя планета. Если вы читаете эту книгу в далеком будущем, обратитесь к астрономическим программам для уточнения его положения.

Чтобы найти Титан, сначала определите положение Сатурна. Титан вращается недалеко от него.

Сложность: 3 сверхновых

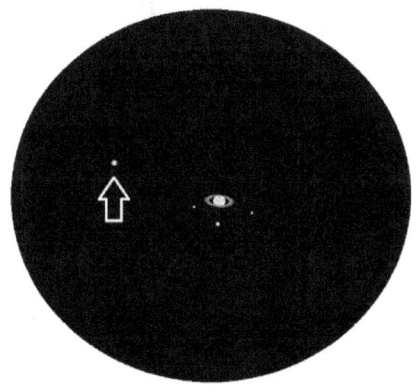

Вид Сатурна и Титана в телескоп

18. Лунное затмение

Лунные затмения, часто называемые «кровавая луна», не такое редкое явление. В отличие от солнечных затмений, видимых лишь в определенных местах, при хороших погодных условиях лунные затмения можно наблюдать в ночное время практически с любого места.

Лунное затмение происходит, когда на Луну падает тень Земли. Солнечный свет проходит сквозь земную атмосферу, что и придает Луне красный оттенок.

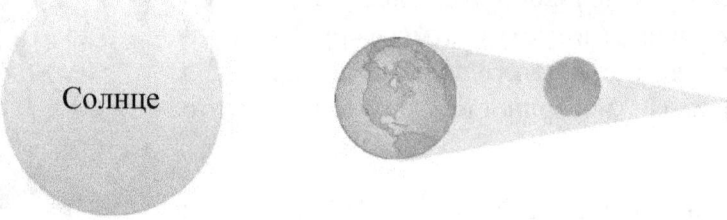

Существует три основных типа лунных затмений. Первый и самый интересный, это полное лунное затмение, когда тень Земли полностью покрывает ее. Второй – частичное лунное затмение. Во время частичного затмения Луна лишь частично покрывается тенью. И наконец, полутеневое лунное затмение, когда проходящий сквозь земную атмосферу свет освещает часть Луны, но саму тень четко не видно. При этом очень сложно отличить полутеневое лунное затмение от обычного полнолуния.

На следующей странице находится график полных и частичных лунных затмений до 2030 года.

Сложность: 2 сверхновых.

Лунное затмение, фото автора

18.5. График лунных затмений

Дата	Тип затмения	Момент наибольшего затмения (UT ~ UTC)	Продолжительн ость затмения	Видимость затмения в географических регионах
7 августа 2017 г.	Частичное	18:21:38	01 ч. 55 мин.	Европа, Африка, Азия, Австралия.
31 января 2018 г.	Полное	13:31:00	03 ч. 23 мин.	Азия, Австралия, Азиатско-Тихоокеанский регион, Западная часть Северной Америки
27 июля 2018 г.	Полное	20:22:54	03 ч. 55 мин.	Южная Америка, Европа, Африка, Азия, Австралия.
21 января 2019 г.	Полное	5:13:27	03 ч. 17 мин.	Центральный тихоокеанский регион, Америки, Европа, Африка
16 июля 2019 г.	Частичное	21:31:55	02 ч. 58 мин.	Южная Америка, Европа, Африка, Азия, Австралия.
26 мая 2021 г.	Полное	11:19:53	03 ч. 07 мин.	Восточная Азия, Австралия, Азиатско-Тихоокеанский регион, Америки
19 ноября 2021 г.	Частичное	9:04:06	03 ч. 28 мин.	Америки, Северная Европа, Восточная Азия, Австралия, Азиатско-Тихоокеанский регион
16 мая 2022 г.	Полное	4:12:42	03 ч. 27 мин.	Америки, Европа, Африка
8 ноября 2022 г.	Полное	11:00:22	03 ч. 40 мин.	Азия, Австралия, Азиатско-Тихоокеанский регион, Америки
28 октября 2023 г.	Частичное	20:15:18	01 ч. 17 мин.	Восточная часть Америк, Европа, Африка, Азия, Австралия
18 сентября 2024 г.	Частичное	2:45:25	01 ч. 03 мин.	Americas, Европа, Африка
14 марта 2025 г.	Полное	6:59:56	03 ч. 38 мин.	Азиатско-Тихоокеанский регион, Америки, Западная Европа, Западная Африка
7 сентября 2025 г.	Полное	18:12:58	03 ч. 29 мин.	Европа, Африка, Азия, Австралия.
3 марта 2026 г.	Полное	11:34:52	03 ч. 27 мин.	Восточная Азия, Австралия, Азиатско-Тихоокеанский регион, Америки
28 августа 2026 г.	Частичное	4:14:04	03 ч. 18 мин.	Восточный тихоокеанский регион, Америки, Европа, Африка
12 января 2028 г.	Частичное	4:14:13	00 ч. 56 мин.	Америки, Европа, Африка
6 июля 2028 г.	Частичное	18:20:57	02 ч. 21 мин.	Европа, Африка, Азия, Австралия.
31 декабря 2028 г.	Полное	16:53:15	03 ч. 29 мин.	Европа, Африка, Азия, Австралия, Азиатско-Тихоокеанский регион
26 января 2029 г.	Полное	3:23:22	03 ч. 40 мин.	Америки, Европа, Африка, Ближний Восток
20 декабря 2029 г.	Полное	22:43:12	03 ч. 33 мин.	Америки, Европа, Африка, Азия
15 июня 2030 г.	Частичное	18:34:34	02 ч. 24 мин.	Европа, Африка, Азия, Австралия

Прогноз затмений Фреда Эспенака (Fred Espenak), Центр космических полётов им. Годдарда (НАСА)

19. Солнечное затмение

Солнечное затмение происходит, когда Луна проходит между Солнцем и Землей. Так как орбита Луны эллиптической формы, иногда затмение происходит, когда Луна находится ближе к Земле, а иногда, когда она находится дальше. Именно поэтому существует два типа затмений. Первое – кольцеобразное затмение, когда Луна находится далеко и не может полностью покрыть Солнце. А когда Луна вращается близко к Земле, она полностью покрывает Солнце, и мы наблюдаем полное солнечное затмение.

Откровенно говоря, я никогда не видел полного солнечного затмения, но слышал, что это прекрасное зрелище. Воздух становится прохладным, животные ведут себя странно, и становится ощутимо темнее.

Лично я наблюдал лишь кольцеобразное затмение, фото которого вы видите ниже (с помощью iPhone, бинокля и солнечного фильтра).

За час до, и за час после фазы полного затмения (фаза полного затмения – это когда Луна полностью закрывает Солнце; это может длиться от тридцати секунд до шести минут), вы можете наблюдать за солнцем в телескоп, используя солнечный фильтр.

График будущих полных и кольцеобразных солнечных затмений находится в приложении книги.

Сложность: 2 сверхновых.

Кольцеобразное солнечное затмение. 20 мая 2012 г.

20. Солнечные пятна

Солнечные пятна – это вихри и магнитные бури у поверхности Солнца, которые приводят к понижению температуры участка воздействия.

Чем интересны солнечные пятна? Во-первых, их размер обычно равен размеру Земли! Во-вторых, они рождаются парами (одно на каждый магнитный полюс такого возмущения). В-третьих, их местоположение меняется каждый день. В-четвертых, однажды, я сфотографировал солнечное пятно, которое по форме напоминало Гавайские острова.

Для наблюдения за солнечными пятнами используйте приобретаемые солнечные фильтры поверх телескопа или бинокля, и только после этого направляйте свой инструмент на Солнце. Вам удастся увидеть как минимум одно или два солнечных пятна в любое время.

Сложность: 2 сверхновых

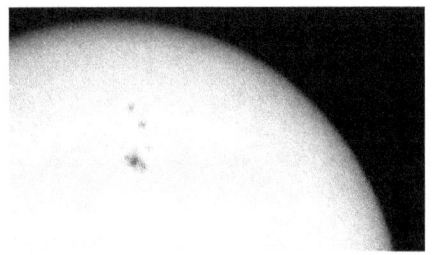

Солнечные пятна, напоминающие Гавайские о-ва

Фотографирование Солнца в бинокль
с солнечным фильтром и iPhone

21. Плеяды

Если вы водите «Субару», можете пропустить эту главу, так как вы видите это звездное скопление каждый раз, когда смотрите на руль. Если же у вас не «Субару», тогда Плеяды можно найти справа от Ориона.

Некоторые думают, что это созвездие Малого Ковша (Малой Медведицы). Это не так. Настоящий Малый Ковш довольно тусклый и в то же время крупнее Плеяд, да и находится он в северной части неба.

Чтобы найти Плеяды, ищите справа от Ориона. Обычно при любом уровне светового загрязнения невооруженным глазом видно только 6 из 7 самых ярких звезд скопления Плеяд. Однако взглянув в телескоп, вы увидите десятки звезд!

Сложность: 1 сверхновая.

Вид Плеяд в телескоп

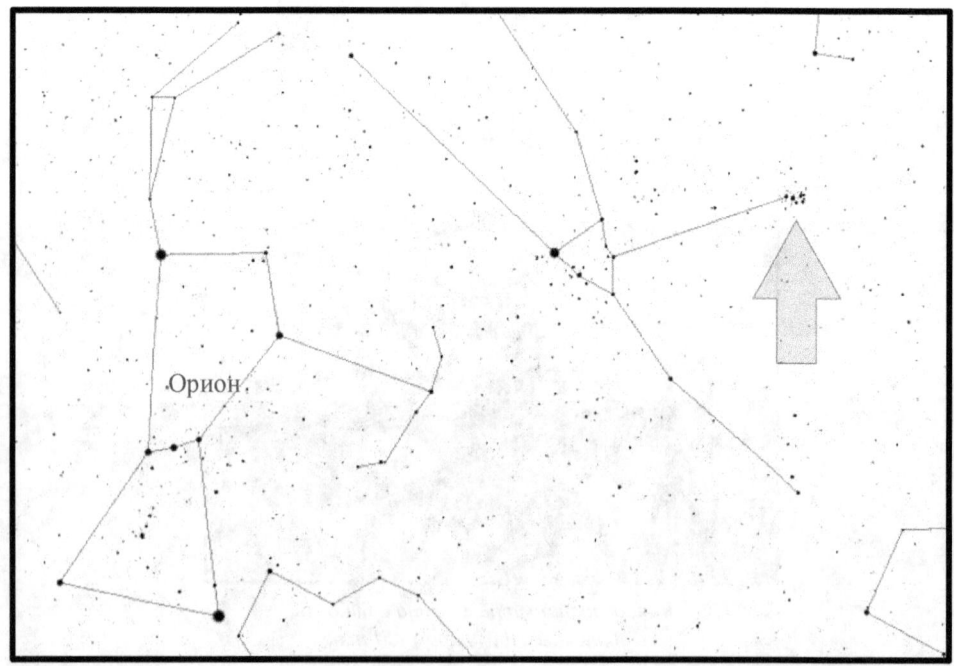

22. Звездное скопление в созвездии Геркулеса

Это шаровое звездное скопление один из нескольких объектов, описанных в этой книге, которые находятся за пределами Галактики! Неудивительно, что именно здесь была спрятана Земля в фантастическом романе 1989 года *Гиперион* Дэна Симмонса.

Это, также, и один из самых ярких объектов глубокого космоса. Его очень просто найти, так как Геркулес просто огромный! Здесь расположено несколько сотен тысяч звезд и, чем дольше смотреть, тем больше их видно. Если ваш телескоп очень маленький, вы увидите это скопление в форме серого шара (от этого «шаровое скопление»).

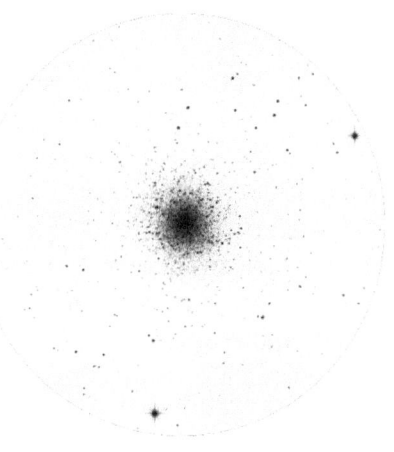

Как найти? Выберите один уз углов квадрата созвездия Геркулеса и поищите вокруг него это скопление.

Звездное скопление созвездия Геркулес в телескоп

Сложность: 3 сверхновых.

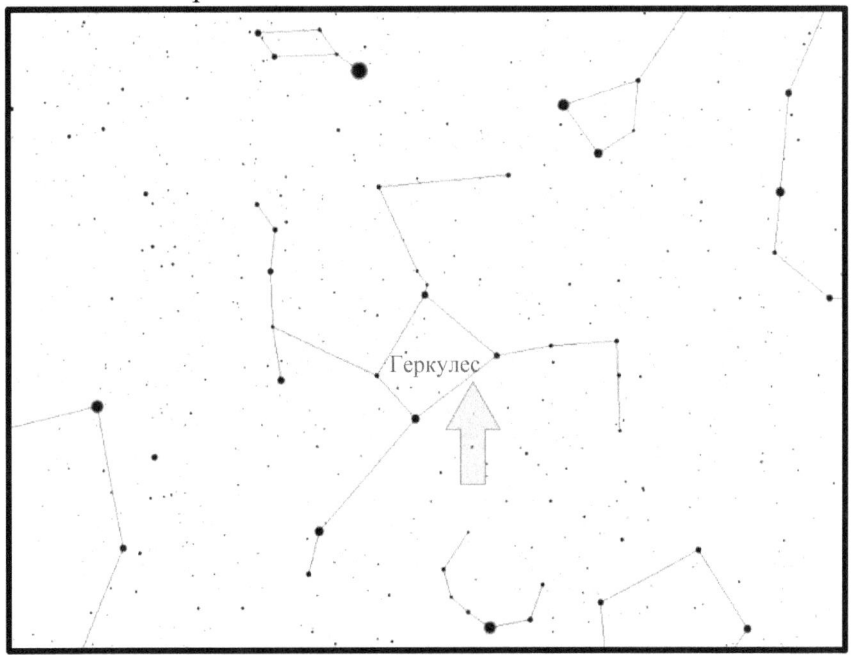

23. Млечный Путь!

Если вы астроном-любитель (если у вас есть телескоп, то да) и не можете найти Млечный путь, думаю, вы просто нуждаетесь в более темном небе! На самом деле, все видимые звезды ночного неба являются частью Млечного Пути. Обычно, когда говорят, что видят Млечный путь, на самом деле речь идет о *плоскости* Млечного Пути. Эту плоскость хорошо видно на фото внизу.

Если вы проживаете в загрязненной световой среде, то вы, скорее всего, не можете наблюдать белую дымку, которая представляет собой плоскость Млечного Пути. По правде говоря, максимальное обозримое число звезд, в пределах густонаселенного города, не превышает десяти. В то же время, если вы все-таки захотите подсчитать звезды за пределами города, вы сможете насчитать около 6000 в безлунную ночь. Млечный Путь состоит из около 300-400 миллиардов звезд! Поэтому галактика выглядит как белая дымка в действительно темном небе.

Если вы видите какие-либо звезды, вы смотрите на Млечный Путь. Но, если вы смотрите в телескоп в направлении плоскости галактики, звезды будут казаться вам расположенными более густо.

Один из способов исследовать Млечный Путь – начать с одного горизонта и постепенно перейти к другому, ведь никогда не знаешь, что встретится на пути.

Сложность: 1 сверхновая.

Вид Млечного Пути с Гавайских о-вов. Фото автора.

24. Галактика Андромеды

До начала двадцатого века считалось, что Млечный Путь единственная галактика во Вселенной! Астрономы обозначали объекты, расположенные за пределами галактики, как «острова Вселенных», и, при этом, не были полностью уверены в их происхождении. Споры по поводу существования островных Вселенных прекратились лишь тогда, когда Эдвин Хаббл точно измерил расстояние к галактике Андромеды. До Хаббла многие астрономы считали галактику Андромеды туманностью и называли ее туманностью Андромеды.

Что интересно в галактике Андромеды, так это то, что ее видимая ширина в шесть раз превышает ширину полной луны! Однако единственный способ увидеть весь масштаб этой галактики – с помощью фото с длинной выдержкой. В телескоп вы видите только яркое ядро галактики, *Вид галактики Андромеды в телескоп* которое кажется вашему глазу красивой серой кляксой.

Чтобы найти галактику Андромеды, используйте созвездие Кассиопея (большая «W») и запомните расстояние между любыми звездами буквы «W», а затем мысленно нарисуйте три таких длины как показано на рисунке ниже.

Сложность: 3 сверхновых. Несмотря на то, что галактику Андромеды можно увидеть невооруженным глазом, ее все равно относительно сложно найти. Это потому, что большинство из нас живет в местах с высоким уровнем светового загрязнения.

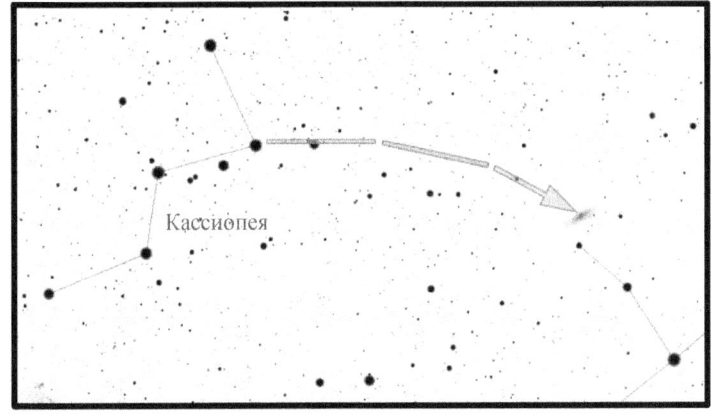

25. Кометы

Как лучше всего узнать, можно ли увидеть комету? Следите за новостями. В СМИ обычно говорят о приближающихся кометах. Однако, зачастую, пресса преувеличивает их яркость (или апокалиптически близкое расстояние к Земле). Несмотря на шумиху, в большинстве случаев, нерегулярные звездочеты могут увидеть лишь некоторые из этих комет.

Кометы это не падающие звезды. Это ледяные шары размером с город, путешествующие на скорости до 70 км/с. Пролетая вблизи Солнца, кометы выбрасывают газ, создавая видимый хвост из частиц длиною в миллионы километров.

Обычно, мы наблюдаем за кометами с

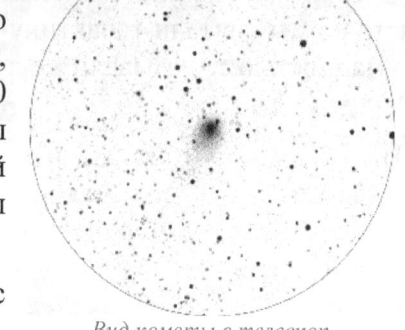

Вид кометы в телескоп

расстояния в сотни миллионов километров. Несмотря на огромную скорость, кометы часто видимы в течение целого месяца. Это дает астрономам-любителям достаточно времени для наблюдений.

Как увидеть комету? Когда комета будет видима в ночном небе, сайты, посвященные астрономии, и даже СМИ, будут публиковать увлекательные истории. Большинство источников подскажут, где находится комета. Если комета тусклая, используйте бинокль чтобы прочесать небо в соответствии с картой. Как только вы найдете комету, направьте туда телескоп, чтобы посмотреть на нее поближе.

Сложность: 2-5 сверхновых, в зависимости от кометы; 2 если ее видно невооруженным глазом; и 5 если вы обнаружите новую комету и назовете ее!

Комета невооруженным глазом

26. Дракон

Созвездие Дракон – еще одна остановка астрономического тура Гарри Поттера. Но, так как все звезды созвездия Дракон довольно тусклые, они не являются причиной присутствия этого объекта в данном списке.

Если вы посмотрите на это созвездие, вы увидите голову дракона. Готовы? Каждый октябрь этот дракон извергает пламя! Октябрьские Дракониды – это название метеорного потока, который исходит из головы дракона.

Для хорошего снимка, установите камеру на треногу, и ночь напролет делайте снимки с 30-секундной выдержкой. Если у вас нет камеры с ручной выдержкой, просто используйте параметр съемки салюта. У вас может получиться вполне интересный для публикации снимок этого огнедышащего дракона.

Сложность: 1 сверхновая за определение положения созвездия; 4 сверхновых за снимок метеора.

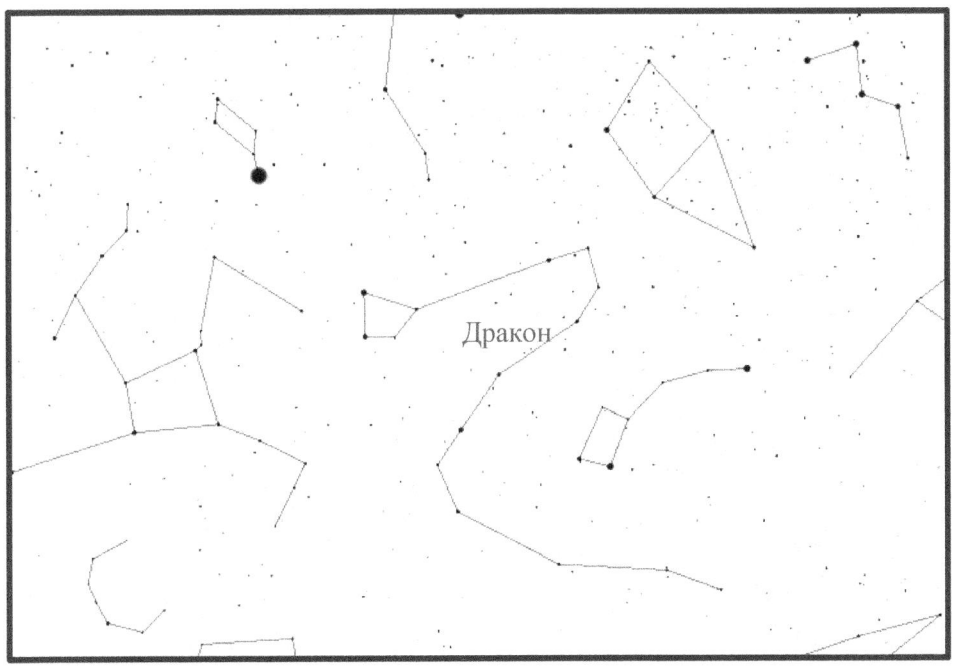

27. Вертолеты и реактивные самолеты

Вы живете в районе с высоким уровнем преступности? Я так точно. Когда в следующий раз полиция будет искать преступника, используйте свой телескоп чтобы узнать, сможете ли вы отличить полицейский вертолет от вертолета службы новостей.

Вы можете подумать, что как-то странно включать такой объект в астрономическую книгу, и теме не менее, такие известные астрономы, как Тьерри Лего (Thierry Legault), используют самолеты для практики в рамках подготовки к наблюдению за быстродвижущимися объектами в космосе, например, Международной космической станцией. Удивительные работы Тьерри можно посмотреть, пройдя по этой ссылке: http://legault.perso.sfr.fr/

Чтобы увидеть самолет в свой телескоп, необходимо использовать минимальное увеличение. Для этого потребуется самый крупный окуляр. Используйте видоискатель, чтобы направить телескоп на самолет, и следите за ним по мере его передвижения. Продолжайте наблюдать за объектом во время перехода от видоискателя к окуляру.

Наблюдение за самолетом может быть как легким, так и тяжелым занятием, все зависит от типа монтировки. Оптимальным вариантом может быть добсоновская монтировка; экваториальная монтировка усложняет задачу, так как ее движение ограничено.

Преследование реактивного самолета это прекрасное развлечение для детей до наступления темноты. Убедитесь, что солнце зашло, чтобы случайно не направить на него телескоп. При работе с учениками мы иногда играем в игру, суть которой угадать какой авиалинии принадлежит самолет, а затем проверяем ответы в телескоп!

Сложность: 2 сверхновых.

Космический шаттл «Индевор» и самолет-носитель. Фото автора.

28. Международная космическая станция

Называемую «МКС» в космическом сообществе, Международную космическую станцию можно наблюдать как минимум несколько раз в неделю практически с любой точки Земли. Ее видно утром до рассвета либо вечером сразу после заката.

Наблюдать за космической станицей в телескоп может быть сложно, особенно если у вас экваториальная монтировка. А вот при наличии добсоновской или настольной монтировки, она может показаться довольно легкой целью. Используйте приложение НАСА для вашего смартфона или другое бесплатное приложение по отслеживанию МКС (например, «ISS Spotter» для iPad) чтобы узнать, когда она будет пролетать над вами в следующий раз.

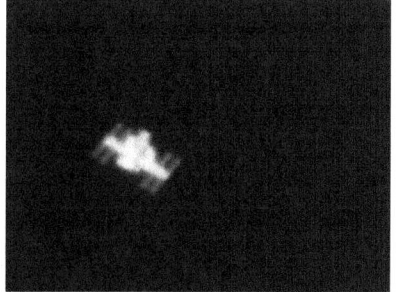

Чтобы увидеть МКС в телескоп, используйте окуляр со средним увеличением. Для начала найдите станцию в видоискателе, а затем перейдите к окуляру. Если вам повезет, вы сможете разглядеть солнечные панели.

МКС. Фото автора

Почему ее видно столь подробно? Дело в том, что высота орбиты МКС составляет около 400 км над Землей, а размером она с футбольное поле. Это значит, что при самом близком расположении видимый размер станции может превышать видимый размер Сатурна в три раза!

Прим.: наблюдать за МКС в телескоп лучше всего вдвоем, когда один следит за станцией в зрительную трубу, а второй наблюдает за ней в окуляр.

(Прим.: МКС движется ОЧЕНЬ быстро)

Сложность: 4 сверхновых.

29. Альтаир и Летний Треугольник

Летний Треугольник (или как моя супруга называет его «огромный кусок пиццы») – интересная часть неба, так как он расположен по обе стороны плоскости нашей галактики. Именно поэтому он наполнен огромным количеством объектов, которые вы можете исследовать по мере вникания в астрономию и приобретения более крупных телескопов.

Летний Треугольник – это еще один способ ориентации по важным объектам этой части неба. Летний Треугольник состоит из трех звезд: Вега, Денеб и Альтаир.

Альтаир, наверное, самая используемая звезда в жанре фантастика. Одна из причин – близость к Земле. Расстояние в 16,7 световых лет делает ее одной из самых близких ярких звезд. В книге *Автостопом по галактике* основной денежной единицей был альтаирский доллар. Альтаир также упоминается во многих сериях «Звездного пути», а также, в *Звездный путь 2: Гнев Хана*. Кроме того, ее имя встречается и в нескольких эпизодах сериала *Доктор Кто*.

К сожалению, на данный момент еще не обнаружено планет, вращающихся вокруг Альтаира. Однако все может измениться с запуском космического телескопа TESS (Спутник транзитной съемки экзопланет) в 2017 году. Телескоп TESS будет беспрерывно проводить обзор около двух миллионов ближайших звезд на предмет обнаружения планет, похожих на Землю.

Сложность: 1 сверхновая.

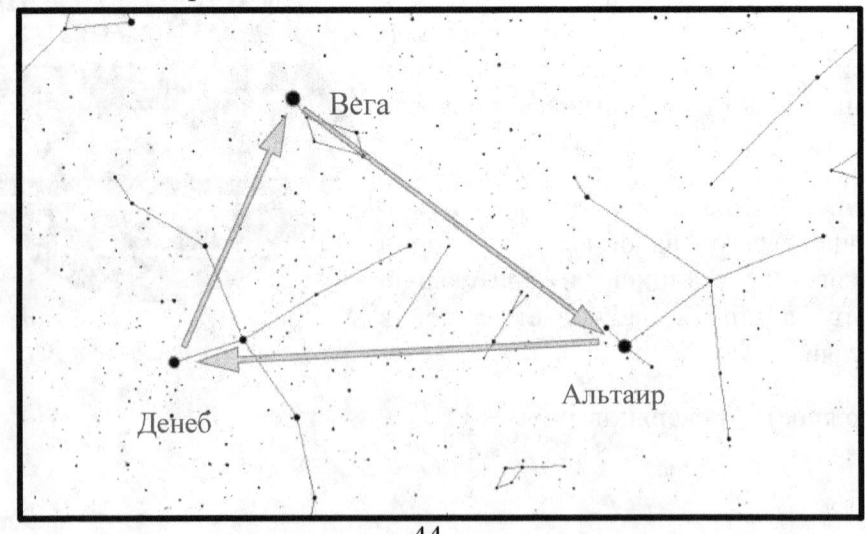

30. Панорамы города и пейзажи

Наведение телескопа на наземные объекты – прекрасный способ почувствовать силу вашего телескопа. Однажды, когда я был волонтером на мероприятии на горе Диабло в Калифорнии, мы направили телескоп в сторону Сан-Франциско. По-видимому «Джайентс» (the Giants) только что выиграли матч и в честь этого на стадионе устроили салют! Без телескопа этого нельзя было увидеть, поэтому все присутствующие ребята собрались у телескопа и по очереди наблюдали за салютом!

Проблемой наблюдения за наземными объектами является то, что большинство телескопов показывают перевернутое изображение. Поэтому, некоторые используют оборачивающую линзу, которая показывает объекты в привычном для нас виде.

Пейзажи могут стать прекрасной целью телескопа, если вы находитесь в походе или установили телескоп до заката. Как вы думаете, почему столько туристических мест оборудованы телескопами или биноклями на каждой обзорной площадке?

Находясь в Йосемитском национальном парке, понаблюдайте за альпинистами, покоряющими Эль-Капитан! Если вы пошли в поход в Национальный памятник Лава Бедс, понаблюдайте за километрами вулканической породы. Отдыхаете на пляже? Используйте телескоп для наблюдения за кораблями в море.

Возможно, вы даже увидите кита!

Сложность: 1 сверхновая.

Вид моста Золотые Ворота с горы Диабло. Фото автора.

31. Птицы

Лично я не знаю много о птицах, но некоторые покупают телескопы исключительно для наблюдения за ними. Некоторые небольшие телескопы, например, Meade ETX 60, продаются с отдельным слотом для камеры именно для этой цели.

Что хорошо в наблюдении за птицами в телескоп, так это глубина резкости. Глубина резкости – это термин, который используют для описания уровня резкости предмета фотосъемки. Наблюдая за сидящей на дереве птицей в телескоп, в фокусе будет видна только птица. Это потому, что телескоп создает небольшую глубину резкости, что позволяет отделить объект от общего фона.

Телескопы лучше всего подходят для наблюдения за птицами на большом расстоянии. В противном случае лучше использовать бинокль. Согласно быстрому поиску в Интернет, лучшие птицы для наблюдения – дичь на природе и морские птицы.

Сложность: 2 сверхновых, если выбор большой. 4 сверхновых, если выбор ограничен.

Птица в Беркли. Фото автора

32. Туманность Гантель (М27)

Туманность Гантель – первая планетарная туманность, которая была обнаружена в 1764 году французским астрономом Шарлем Мессье (Charles Messier). Ее видимый размер также самый большой из всего описанного в данной книге. На фото ниже показан ее видимый размер по отношению к Луне.

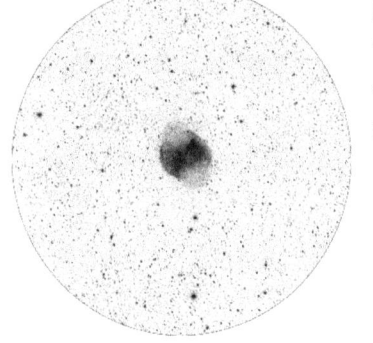

Туманность находится в летнем треугольнике между созвездием Лисичка и Стрела.

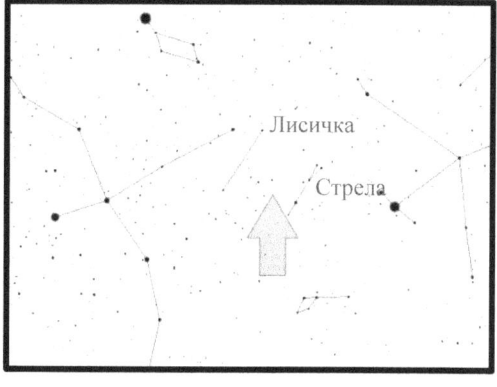

Туманность Гантель в телескоп

Интересно заметить, что свое название туманность Гантель получила лишь в 1833 году, когда астроном Джон Гершель (John Herschel) написал следующее: *«Туманность, по форме напоминающая гантель с эллиптическим очертанием, которое заполнено тусклым туманным светом».*

Сложность: 3 сверхновых.

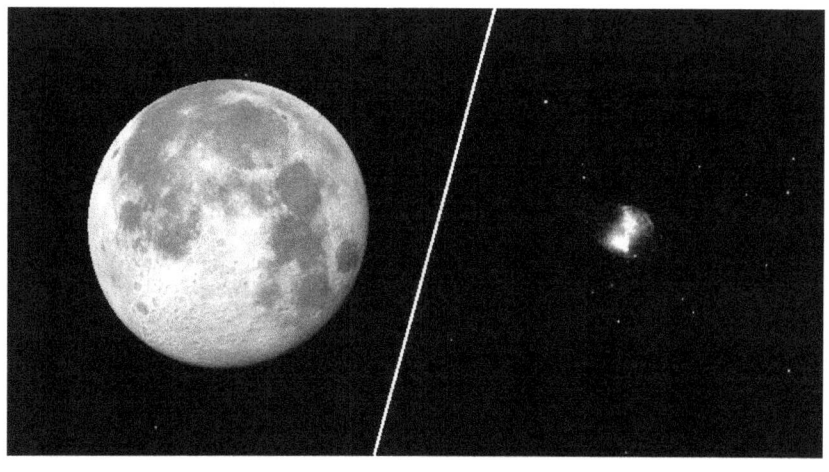

Луна и М27 в одном увеличении

33. Альбирео

Звезда Альбирео – любимица астровылазок. Это потому, что можно увидеть большой контраст между двумя цветами звезд. Сама Альбирео – желтая звезда, но она также и двойная звезда с голубой сопровождающей звездой. Звезды называются Альбирео А и Альбирео В, соответственно.

Альбирео расположена у подножия Северного Креста, который на самом деле является не созвездием, а астеризмом (астеризм – это легко распознаваемая группа звезд, которая официально не является созвездием; еще один пример астеризма – Большой Ковш). На самом деле это созвездие Лебедь. Лебедь – созвездие летнего и осеннего неба.

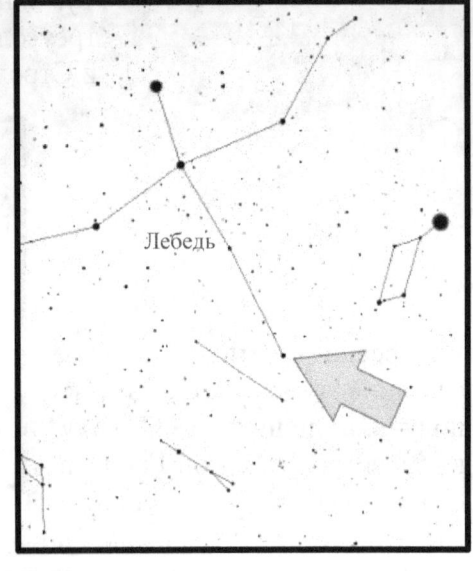

Сложность: 2 сверхновых.

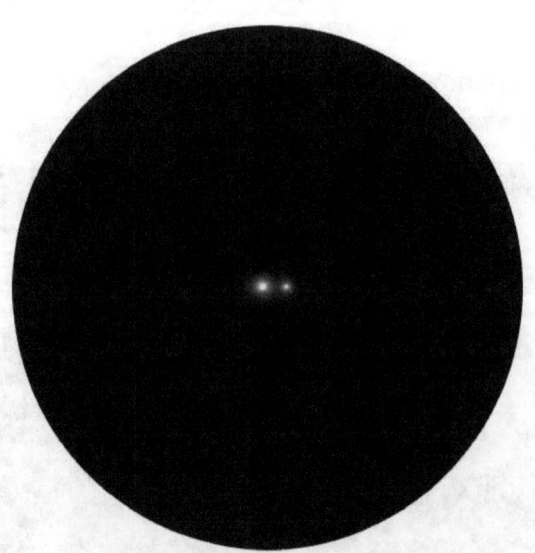

Вид Альбирео в телескоп (на фото желтая звезда расположена слева)

34. Мицар и Алькор

Если вы видите эти две звезды, офтальмолог вам не нужен. Наблюдение за этими звездами Большого Ковша, прозванными «конь и всадник», когда-то было хорошей проверкой зрения! Однако сегодня большинство людей может увидеть эти две звезды с помощью контактных линз.

Эти звезды составляют центр ручки Большого Ковша. Наблюдая за этими звездами, сначала определите две звезды невооруженным глазом, а затем взгляните на них в телескоп. Вы заметите, что более яркая звезда на самом деле двойная звезда!

Сложность: 2 сверхновых.

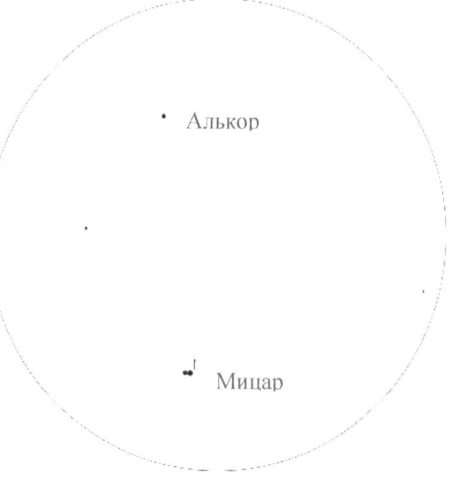

Мицар и Алькор в телескоп

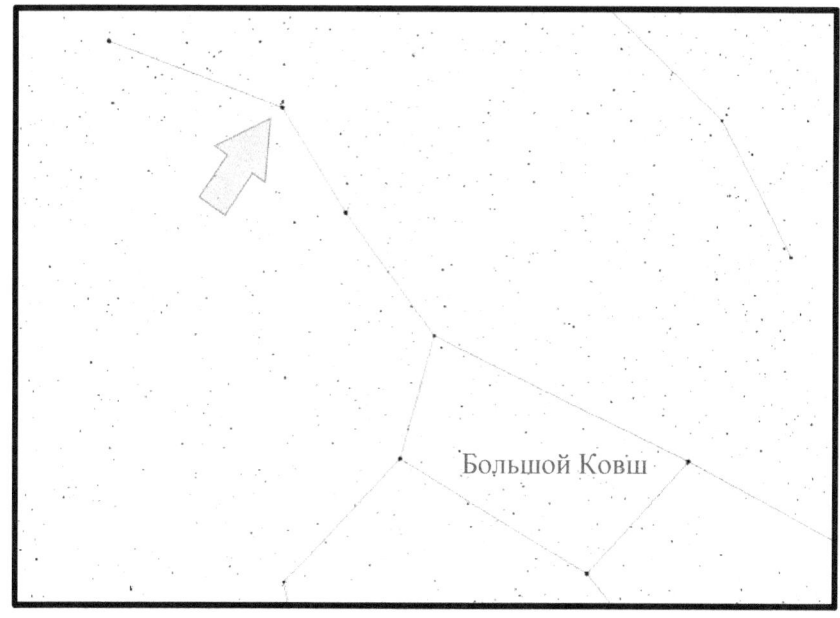

35. Двойное скопление в созвездии Персея

Эти звездные скопления примечательны по двум причинам. Во-первых, их легко найти в северном полушарии, так как большинство ночей года они находятся над горизонтом. Во-вторых, в середине августа, именно в этой части неба, происходит метеорный поток Персеиды.

Звездные кластеры прекрасно демонстрируют, как много звезд находится в космосе! Чтобы найти двойное скопление в созвездии Персея, найдите Кассиопею. Скопления расположены ниже слева.

Сложность: 2 сверхновых.

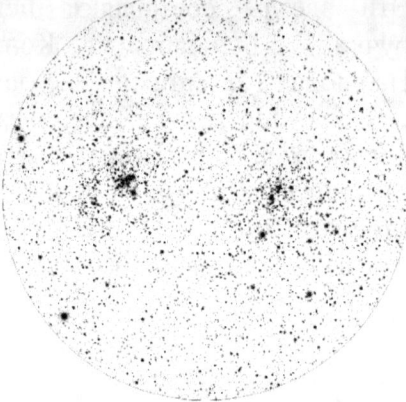

Двойное скопление в телескоп

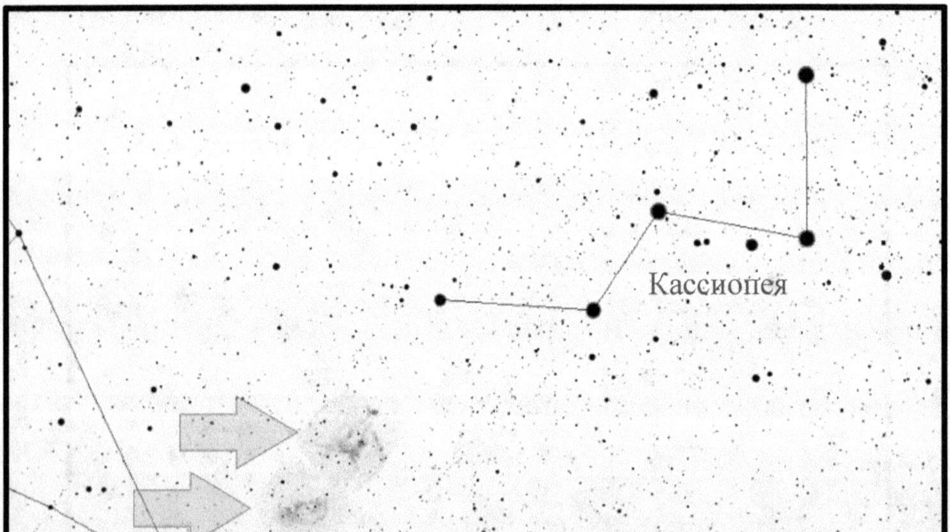

Кассиопея

36. Вега

Да, это родная планета Джоди Фостер (Jodie Foster); шутка конечно (источник внеземного сигнала из книги и фильма *«Контакт»* находился именно на Веге).

Интересно, что около двенадцати тысяч лет назад Вега была Полярной звездой и будет опять через двенадцать тысяч лет. Это происходит по причине прецессии земной оси.

Прецессия – это свойство вращающихся объектов. Вы можете непосредственно наблюдать прецессию на примере таких вращающихся игрушек, как гироскоп или волчок. Если торкнуться гироскопа, он будет испытывать прецессионное движение в виде небольшого колебания. В случае Земли, прецессия – это в основном результат гравитационного влияния Солнца и Луны.

Вега – самая яркая звезда созвездия Лира. Ее можно наблюдать летом высоко в небе. В этом же созвездии находится знаменитая туманность Кольцо (описана в следующей главе).

Сложность: 1 сверхновая.

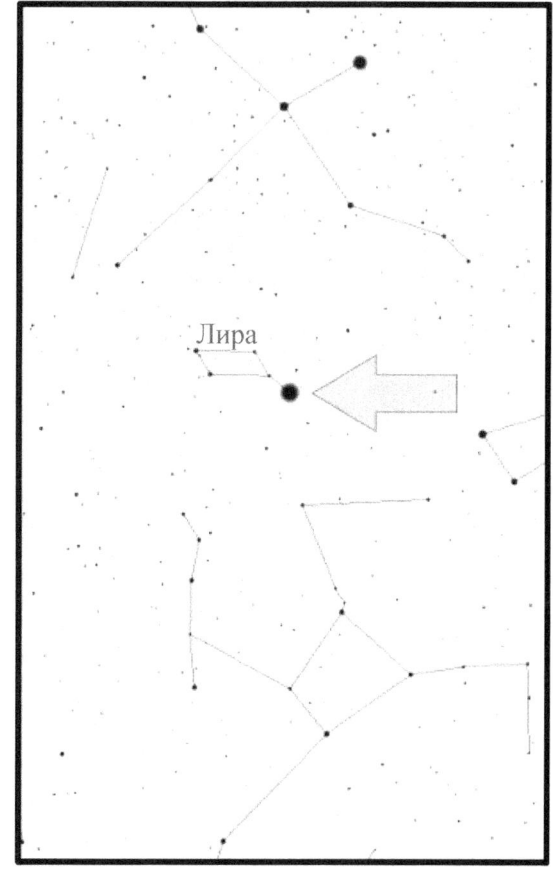

37. Туманность Кольцо

Размер туманности Кольцо в телескоп настолько же большой, как и Юпитер, но она не настолько яркая. В небольшой телескоп достаточно сложно разглядеть дыру в Кольце. Чтобы увидеть центр Кольца, вам необходим телескоп, диаметр линзы или зеркала которого составляет как минимум 10см (4 дюйма).

Эта туманность сформировалась, когда красный гигант сбросил свою внешнюю оболочку из ионизированного газа, превратившись в белого карлика, в том месте, где когда-то был красный гигант.

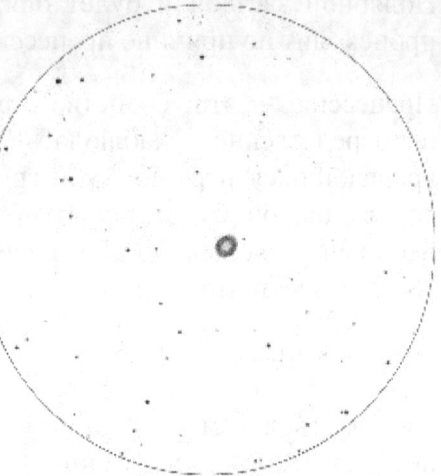

Чтобы найти туманность Кольцо, пройдитесь телескопом в районе между звездами *Шелиак* и *Сулафат* созвездия Лиры.

Сложность: 3 сверхновых.

Вид туманности Кольцо в телескоп

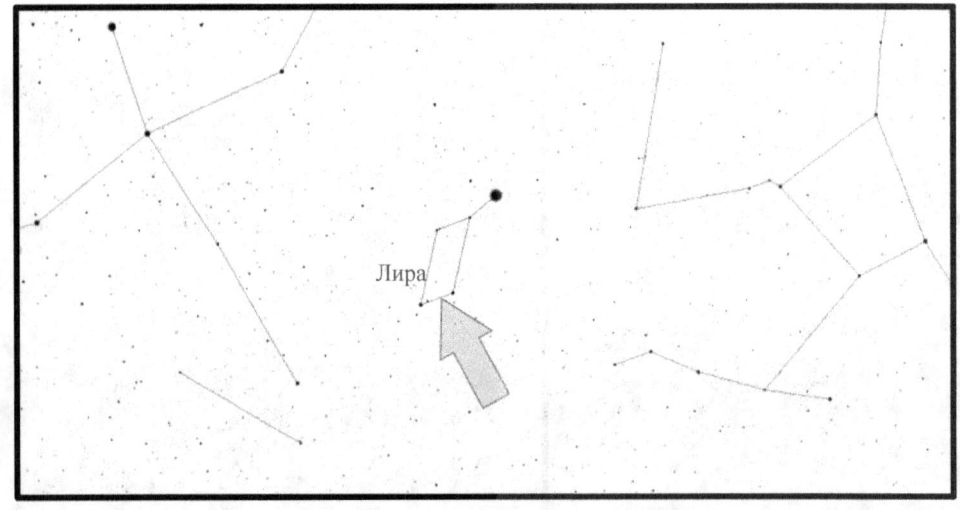

38. Метеоры, метеориты и метеороиды!

Метеоры, метеориты и метеороиды! Даже я путаю эти термины! «Падающая звезда» – это метеор. Хороший способ запомнить: бывают «метеорные дожди», но не метеоритные. Космический булыжник называется метеоритом, только если он касается земли. Метеороид – это название самого булыжника до проникновения в атмосферу. Вы, наверное, никогда не увидите метеороид из-за их маленького размера. Обычно, если его длина превышает несколько метров, его классифицируют как астероид.

Во время наблюдения за звездами вы увидите много метеоров, это я вам гарантирую. Только в предыдущую пятницу я работал со школьной группой в Уолнат-Крик, Калифорния, когда довольно яркий метеор пролетел через отрезок неба, за которым все мы наблюдали. Вы даже можете наблюдать распад на части и распыление метеора в течение нескольких секунд.

Размер большинства метеоров меньше чем мячик для настольного тенниса! Мы видим их, потому что они движутся со скоростью десятки километров в секунду, и когда эти частички попадают в атмосферу, они очень ярко горят.

Метеоры можно увидеть даже в телескоп! Спланировать это нельзя, но во время длительных наблюдений метеор точно попадет в ваше поле зрения.

Сложность: 1 сверхновая без телескопа; 3 сверхновых, если вам повезло, и во время наблюдения в телескоп в поле зрения попал метеор.

Автор держит метеорит в руке

39. Астероиды Церера и Веста

Возможно, вы знаете о поясе астероидов между Марсом и Юпитером, но большинство не представляет себе уровень его разреженности. Даже в поясе астероидов пространство очень, очень пустое. Масса Цереры составляет одну треть всего пояса астероидов. А масса всех астероидов меньше 4% массы нашей Луны!

В 2006 году Международный астрономический союз причислил Цереру к категории карликовых планет (как и Плутон). Из-за своей небольшой массы Веста была классифицирована как малая планета. Однако оба эти объекта достаточно небольшие и далекие чтобы выглядеть в телескоп как звезды. При очень темном небе Цереру и Весту видно и без телескопа.

Снимок Весты, сделанный космическим аппаратом «Dawn»

Чтобы увидеть Цереру и Весту, воспользуйтесь той же астрономической программой, что и в случае планет. Как только вы нашли расположение астероида, запомните положение окружающих звезд и наведите телескоп в этом направлении. Если вы не уверены, какая светящаяся точка астероид, начертите на бумаге расположение самых ярких звезд этой области. Через несколько дней, когда вы вновь направите свой телескоп в эту область, астероид будет тем объектом, который немного сдвинулся.

Сложность: 4 сверхновых.

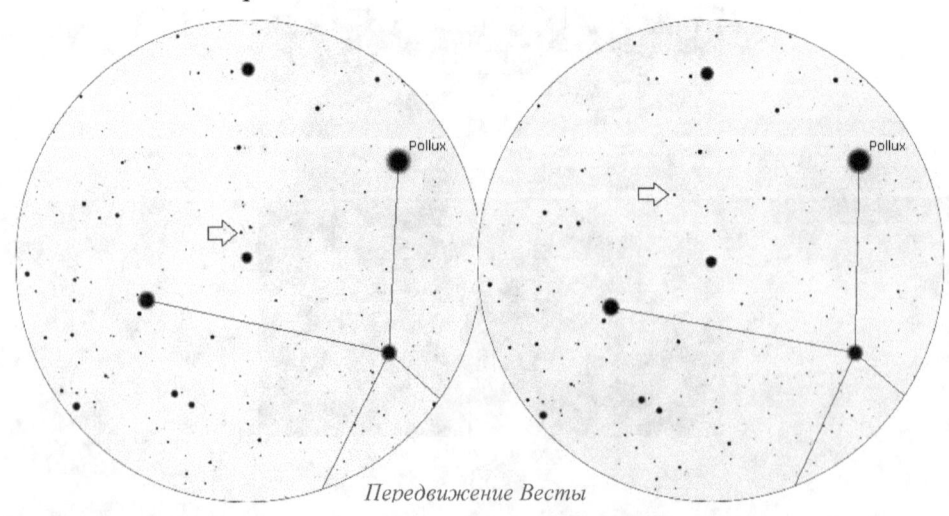

Передвижение Весты

40. Галактика Водоворот (М51)

Галактику Водоворот или М51 довольно просто найти в небольшой телескоп или даже бинокль, но только в безлунную ночь и находясь далеко от городского освещения. Эта галактика имеет галактику-спутник под названием NCG 5191 или M51b. Считается, что именно гравитационное взаимодействие между этими двумя объектами придает Водовороту его характерную спиралевидную форму.

Астрономы обнаружили, что у большинства больших галактик в центре присутствует сверхмассивная черная дыра. Тем не менее, наблюдения М51 с помощью телескопа «Хаббл» привели к обнаружению отчетливой Х-образной структуры вокруг ее черной дыры. Одна линия Х-образной структуры, скорее всего, представляет собой пыль, вращающуюся вокруг черной дыры. А вторая может представлять собой пыль, которая взаимодействует с конусом ионизированных частиц. Для достижения единого научного понимания этого явления астрономам предстоит провести дальнейшие наблюдения.

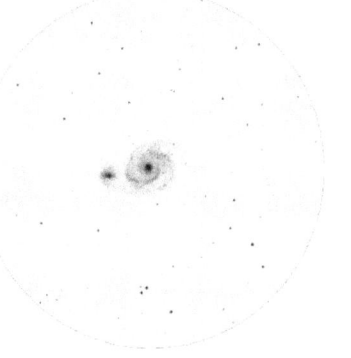

Галактика Водоворот в телескоп

В этой галактике также наблюдались сверхновые звезды в 1994, 2005 и 2011 гг.

Чтобы найти галактику Водоворот, нарисуйте прямоугольный треугольник под ручкой большого ковша, как показано ниже.

Сложность: 4 сверхновых.

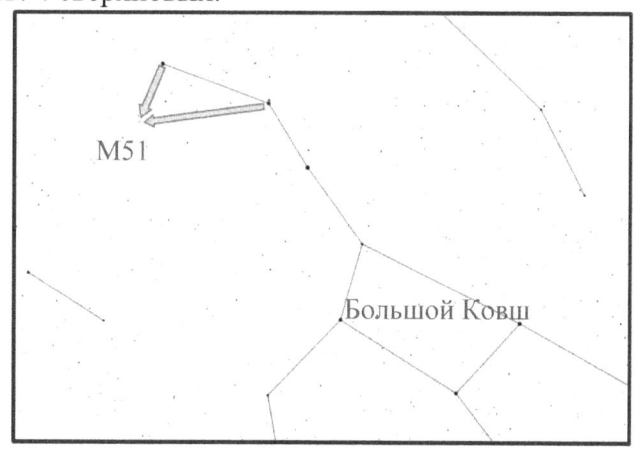

41. Объекты глубокого космоса созвездия Стрелец

Даже будучи астрономом-любителем, я не привык выискивать созвездие Стрельца целиком. К счастью, существует астеризм (неофициальное созвездие) под названием Чайник, который я считаю Стрельцом (см. рисунок).

Созвездие Стрелец – прекрасное место для исследования объектов глубокого космоса (объекты за пределами нашей солнечной системы) потому что он находится в направлении центра нашей галактики Млечный Путь. Это прекрасное место для наблюдения без каких-либо карт, так как здесь существует большая вероятность обнаружения большого количества интересных объектов без надобности сверяться со звездными картами.

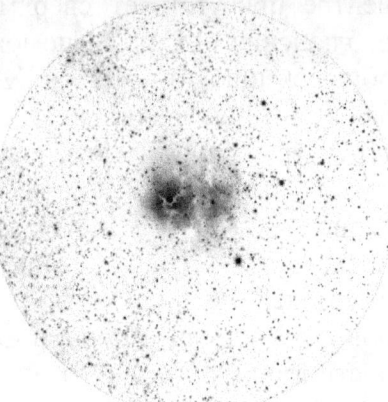

Недалеко от Чайника расположена туманность Лагуна, туманность Омега и Тройная туманность.

Чтобы увидеть все эти объекты в Стрельце, используйте окуляр без сильного увеличения. Вы заметите,

Тройная туманность в телескоп

что большинство объектов достаточно большие. Пройдитесь по правой верхней части Чайника, чтобы найти туманности, и по остальной области Чайника, чтобы найти звездные скопления.

Сложность: 3 сверхновых.

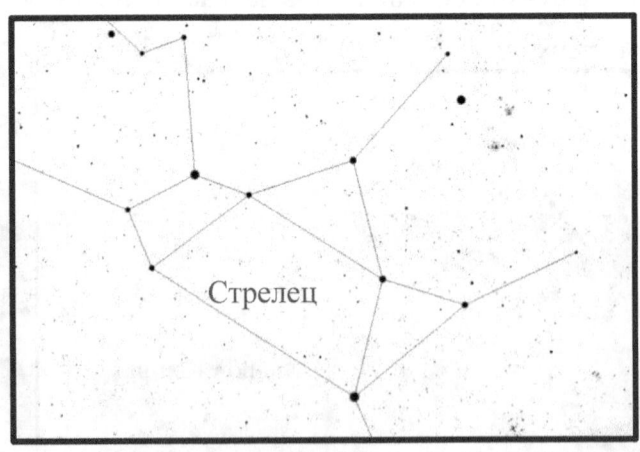

Стрелец

42. M81 и M82

Галактики M81 и M82 – две галактики, которые проще всего найти, после Андромеды, конечно. Галактику M82 часто называют галактикой Сигара из-за ее вида с Земли. Галактику M81 могут также называть галактикой Боде, но этот термин я слышу не часто.

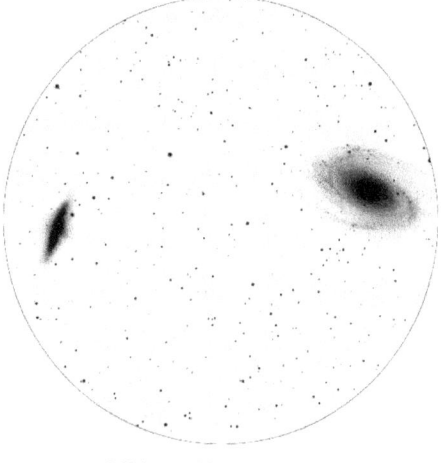

Галактика M81 особенно интересна профессиональным астрономам тем, что в ее центре расположена гигантская черная дыра, масса которой в 70 миллионов раз превышает массу нашего солнца!

Чтобы увидеть эти галактики, используйте окуляр с небольшим увеличением. Используя Большой Ковш в качестве точки отправления, мысленно проведите линию от левой

M81 и M82 в телескоп

нижней части ковша через его поверхность. Затем протяните эту линию от поверхности до места расположения галактик (см. рисунок ниже).

Сложность: 4 сверхновых.

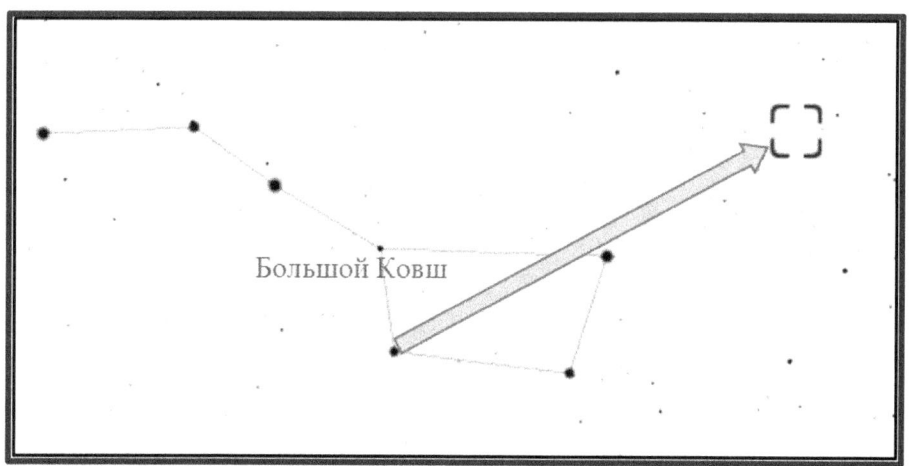

43. Уран

Планета Уран была открыта в 1781 году английским астрономом Уильямом Гершелем (да-да, отец того самого Джона Гершеля). Планете было дано очень закономерное, в плане последовательности планет, название – Уран, в честь греческого бога неба. Сатурн – отец Юпитера, а Уран – отец Сатурна.

Так как Уран находится столь далеко от Солнца, он будет находиться приблизительно в одном и том же месте на протяжении всей нашей жизни. В двадцать первом столетии его лучше всего наблюдать ранней осенью.

Чтобы найти Уран, сначала узнайте его точное расположение с помощью астрономической программы. Для обнаружения используйте окуляр с небольшим увеличением, а затем, установите окуляр с большим увеличением, чтобы рассмотреть планету и ее синевато-зеленый оттенок.

Сложность: 4 сверхновых.

Снимок Урана, сделанный космическим аппаратом Вояджер 2

44. Нептун

Теперь, когда Астрономический союз понизил статус Плутона к «карликовой планете», Нептун стала самой далекой от Солнца планетой (в нашей солнечной системе). Как и в случае с другими планетами нашей солнечной системы, кроме Земли, эта планету названо в честь римского бога, в данном случае бога морей.

Планета Нептун – очень тусклый объект, один из самых тусклых объектов, описанных в этой книге. Тем не менее, так как планета синяя, ее можно отличить от звезд фона. Как и в случае с Ураном, для обнаружения планеты используйте окуляр с небольшим увеличением. Затем, установите окуляр с большим увеличением, чтобы получить более удобный вид. Обратите внимание, что только телескопы с диаметром 6 дюймов и более могут получить изображение Нептуна в форме диска. Телескопы, диаметр которых меньше 6 дюймов, покажут планету в виде светящейся точки.

Сложность: 4 сверхновых.

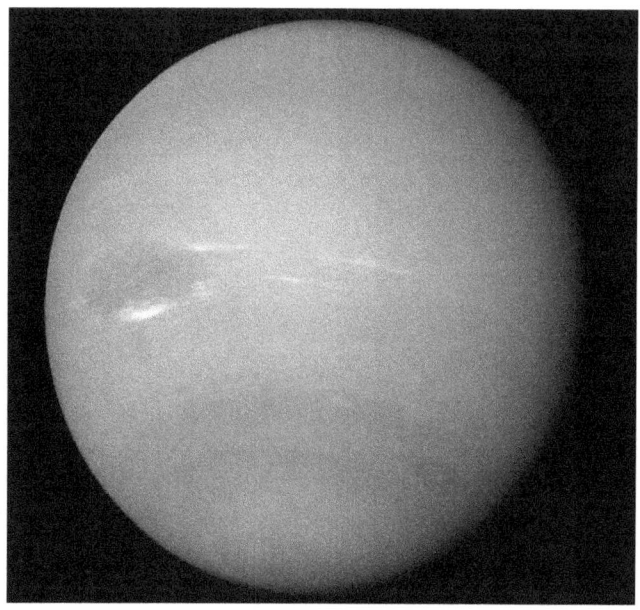

Снимок Нептуна, сделанный космическим аппаратом Вояджер 2

45. Меркурий

Планета Меркурий находится очень близко к Солнцу, поэтому рассмотреть ее будет сложно. Она появляется в ночном небе несколько дней в году. Как и в случае Венеры, мы наблюдаем Меркурий в фазах. Эти фазы существенно влияют на его яркость. Когда Меркурий виден, его можно наблюдать в течение короткого времени после восхода или сразу после заката.

Чтобы узнать лучшее время для наблюдения за Меркурием, воспользуйтесь астрономической программой, например, Stellarium. Для этого щелкните на Меркурий и закрепите его (нажав пробел). Затем, используйте программу для ускоренной перемотки вперед, пока Меркурий не появится над горизонтом сразу после заката. Либо, следите за новостями веб-сайтов, посвященных астрономии.

Наблюдая Меркурий в телескоп, он может показаться очень ярким и даже мерцающим, как будто он горит. Кажущаяся яркость Меркурия связана с его близким расположением к Солнцу, а мерцание связано с близостью к горизонту. При наблюдении за объектами, которые находятся близко к горизонту, вы смотрите сквозь более плотный слой атмосферы, чем в случае расположения объектов над головой. Мерцание объекта связано с атмосферным искажением.

Сложность: 4 сверхновых.

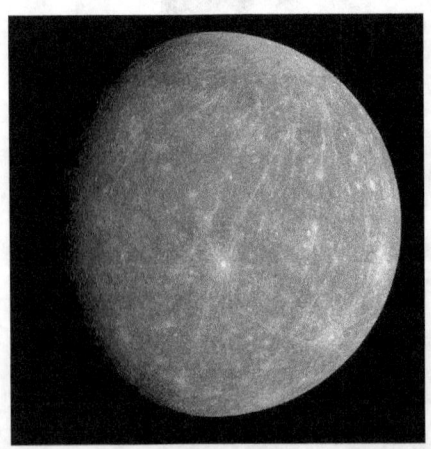

Снимок Меркурия, сделанный космическим аппаратом Мессенджер

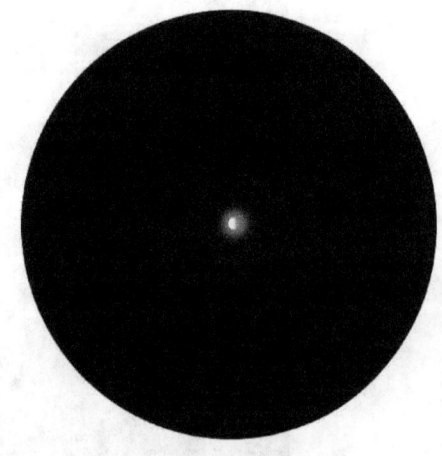

Вид Меркурия в телескоп

46. Покрытие звезды Луной

Покрытие происходит, когда один объект космоса заходит за другой. Что-то вроде затмения. Самые распространенные покрытия, это когда луна проходит перед яркой звездой.

Наблюдать за покрытием очень интересно. С Земли это выглядит, как будто бы звезда касается поверхности луны. Во время касательного покрытия звезда может появляться и исчезать из вида по мере продвижения между горными хребтами или оврагами лунной поверхности.

Это хороший повод воспользоваться функцией перемотки времени вашей астрономической программы. Чтобы узнать время следующего покрытия (не читая астрономических журналов, блогов или веб-сайтов), просто откройте астрономическую программу и выберите луну.

После выбора луны, она должна появиться в центре экрана (если вы используете «Stellarium», попробуйте нажать пробел). Затем, используя функцию перемотки времени, начните прокручивать «часы» вперед. На фоне начнут пролетать звезды, а луна должна оставаться на месте. Возможно, перед тем как вы увидите покрытие яркой звезды луной, вам придется воспользоваться ускоренной перемоткой на несколько недель вперед. Затем, отметьте дату и время в календаре и установите напоминание за 30 или более минут до исчезновения звезды за луной.

Сложность: 4 сверхновых.

47. Покрытие планеты Луной

И снова, покрытие происходит, когда два объекта выстраиваются таким образом, что один покрывает другой с точки зрения наблюдателя. Например, если Сатурн проходит за луной, то вы скажете «Луна покрыла Сатурн» (звучит почти как преступление).

Чтобы найти покрытие планеты, воспользуйтесь тем же методом, что и в случае покрытия звезд. Выберите в программе Луну и перематывайте время вперед на несколько дней, недель или месяцев, пока Луна не будет проходить четко перед планетой. Затем, установите напоминание и ожидайте наступления события.

Снять это явление с помощью смартфона достаточно сложно, но не невозможно. Чтобы сделать снимок с помощью смартфона, установите камеру поверх окуляра, затем коснитесь изображения луны. Это действие поможет установить фокус и выдержку. Теперь можете фотографировать! Если фото удачное, немедленно публикуйте его на сайте www.spaceweather.com. Публикация фото на этом сайте может привести к его показу на Си-Эн-Эн или других основных новостных каналах!

Сложность: 4 сверхновых.

48. Вспышки «Иридиума»

С Земли искусственный спутник выглядит настолько же ярко, как и любая тусклая звезда. Спутники часто видят несущимися по небу на большой скорости сразу после заката или до восхода. Однако если этот спутник – спутник типа «Иридиум», содержащий множество плоских и блестящих антенн, тогда вас ожидает сюрприз!

Самый простой способ увидеть вспышки «Иридиума» – скачать специальное телефонное приложение, например, «Спутник»: http://sputnikapp.info. Приложение создаст прогноз для вашего местоположения и оповестит вас незадолго до появления вспышки.

Для того чтобы увидеть вспышку телескоп вам не нужен, но его использование может оказаться забавным. Более того, наблюдение за движущимися объектами в космосе это хорошая практика, особенно когда вы хотите понаблюдать за чем-то сложным, например, астероидом, который пролетает близко к Земле, или Международной космической станцией.

Сложность: 3 сверхновых.

Вспышка «Иридиума» над Сан-Франциско. Фото автора.

49. Крабовидная туманность (M1)

Что-то особенное произошло четвертого июля 1054 года. Нет, это не празднование Дня независимости США, это было бы бессмысленно. В тот день китайские астрономы обнаружили новую звезду (так они думали), которая была ярче Венеры! Однако несколько недель спустя, новая звезда потускнела, но все еще была видна в течение почти двух лет, после чего история практически забыла о ней.

На этом все должно было закончиться, но в 1731 году, почти семь столетий спустя, английский астроном Джон Бевис (John Bevis) на том же месте обнаружил шар. Затем, почти три десятилетия спустя, французский «охотник за кометами» по имени Шарль Мессье (Charles Messier) добавил этот «шар» в свой пресловутый каталог объектов, которые «Точно не кометы». Мессье присвоил объекту название «M1». Иными словами, шар стал номером один в его списке объектов, которые «не кометы».

Сегодня мы знаем, что Крабовидная туманность является остатком сверхновой. Китайские астрономы на самом деле наблюдали сверхновую, безжалостный взрыв звезды. Теперь, когда вы смотрите в свой телескоп, вы наблюдаете продолжающийся взрыв пыли и газов, пронизывающих космическое пространство на скорости почти пять миллионов километров в час.

Чтобы найти Крабовидную туманность, поищите в районе над головой Ориона.

Сложность: 3 сверхновых.

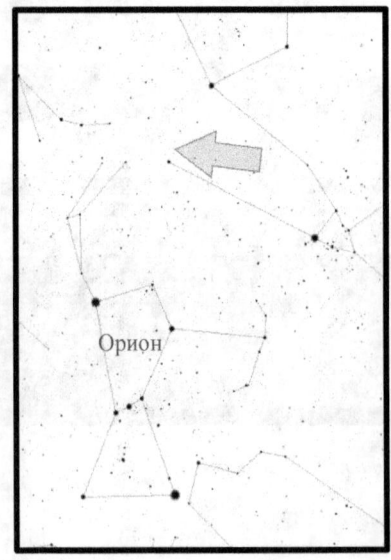

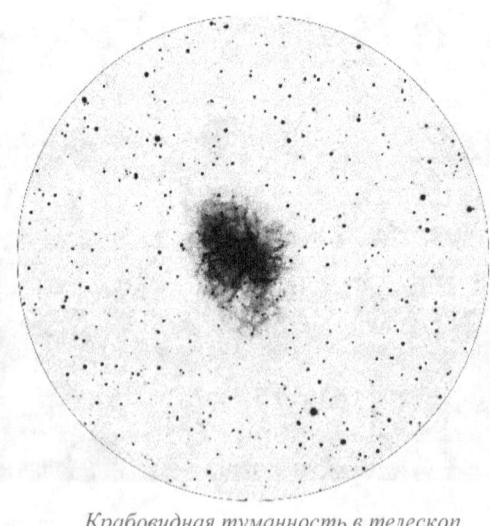

Крабовидная туманность в телескоп

64

50. Сверхновая

Если вы смотрите на Андромеду (или другую видимую галактику) и внезапно понимаете, что в ней находится новая «звезда», возможно, вы только что заметили сверхновую! Сверхновые образуются в результате взрыва звезды и выброса ею энергии, количество которой способно затмить целую галактику.

Поиск сверхновых точно под силу астрономам-любителям. Однако для изучения способов поиска вам понадобится книга намного толще этой. В двух словах, когда звезда превращается в сверхновую, за часы до взрыва она выпускает определенное количество частиц под названием нейтрино. Так вот, специальные приборы, установленные на Земле, улавливают эти нейтрино и дают приблизительное положение будущей сверхновой. Сообщение об этом быстро разлетается по сети Интернет участникам астрономического сообщества и охота начинается! И если вы единственный, кто смог заметить сверхновую, ваше имя попадает в новости.

Однако если сверхновая уже была открыта, вы можете узнать расположение новой сверхновой на таком веб-сайте, как http://www.skyandtelescope.com, и попробовать увидеть ее самостоятельно!

Сложность: 5 сверхновых.

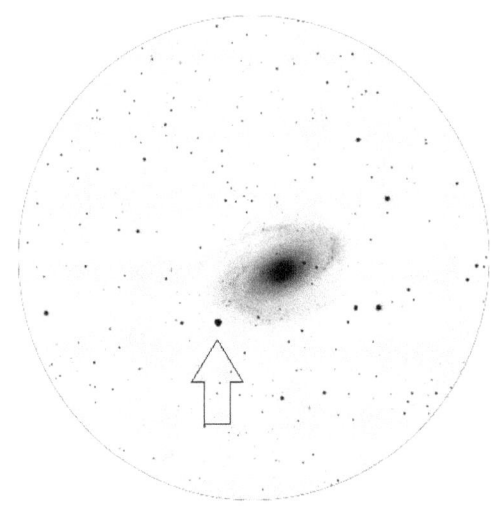

Сверхновая в телескоп

Пункт 51: НЛО

Ежегодно сообщается о десятках тысяч наблюдений НЛО. В основном, источниками таких сообщений являются люди, которые ничего не знают о наблюдении неба или которые просматривают снятое видео или снимки камеры и видят то, чего не могут объяснить.

Зачастую наблюдение НЛО можно объяснить распространенными оптическими иллюзиями или отклонениями самого оборудования для съемки. Но, наблюдать то, чего не можешь понять, все равно интересно. Многие жители США проживают недалеко от военных баз и регулярно видят в небе объекты, которые не могут объяснить.

Впервые я увидел «НЛО», когда еще в школьные годы доставлял газеты. Я стоял у фермерского поля в 5 утра, когда яркий свет поднялся из-за холма, расположенного далеко от поля. Я остановился и наблюдал, как область яркого света увеличивается, пока он не стал почти ослепляющим. Свет передвигался по небу то назад, то вперед в течение пяти минут. Затем, этот НЛО (самолет Бомбардье Дэш 8 / 100 серии) пролетел надо мной и его головной огонь указал в новом направлении.

Сложность: 0 сверхновых за аномалию камеры и 6 сверхновых за похищение пришельцами.

Аномалия внутри камеры

Заключение

Надеюсь, вам понравилось наше путешествие по *«50 вещам, которые можно увидеть в небольшой телескоп»*! Если вы хотите продолжить заниматься этим хобби, приглашаю вас присоединиться к вашему местному астрономическому клубу. Список клубов в США можно найти здесь:

http://nightsky.jpl.nasa.gov/club-map.cfm

Для поиска клубов на территории СНГ, воспользуйтесь популярными астрономическими форумами:

Россия – http://www.astronomy.ru/

Украина – http://www.astroclub.kiev.ua/forum/

Беларусь – http://www.forum.belastro.net/

Если вам нравится фантастика, ознакомьтесь с моим научно-фантастическим триллером «The Martian Conspiracy» («Марсианский заговор»).

«Отличный научно-фантастический роман с оттенками «Красного Марса» Кима Стенли, хотя события развиваются быстрее. Если вы, так же как и я, мечтаете жить на Марсе, обязательно прочитайте эту книгу»

- Грэм Шиммин (Graeme Shimmin), автор *A Kill in the Morning* («Утреннее убийство»)

Приложение 1. Солнечные затмения 2016 – 2021 гг.

Тип	Дата	Момент наибольшего затмения (UTC)	Видимость затмения в географических регионах
Полное	9 марта 2016 г.	1:58:19	**Полное:** Индонезия, Маршалловы Острова, Микронезия
			Частичное: Юго-Восточная Азия, Корея, Япония, Восточная Россия, Аляска, Северо-Западная Австралия, Гавайи, Азиатско-Тихоокеанский регион
Кольцеобразное	1 сентября 2016 г.	9:08:02	**Кольцеобразное:** Атлантический регион, Центральная Африка, Мадагаскар, Индия
			Частичное: Африка, Индийский океан
Кольцеобразное	26 февраля 2017 г.	14:54:33	**Кольцеобразное:** южная часть Чили и Аргентины, Ангола, юго-восточная Катанга
			Частичное: Южная и Западная Африка, южная часть Южной Америки, Антарктида
Полное	21 августа 2017 г.	18:26:40	**Полное:** Орегон, Айдахо, Вайоминг, Небраска, северо-восточный Канзас, Миссури, юг Иллинойс, запад Кентукки, Теннеси, юго-западная часть Северной Каролины, северо-восток Грузии, Южная Каролина
			Частичное: Северная Америка, Гавайи, Гренландия, Исландия, Британские острова, Португалия, Центральная Америка, Карибский бассейн, северная часть Южной Америки, Чукотский полуостров
Частичное	15 февраля 2018 г.	20:52:33	**Частичное:** Антарктида, южная часть Южной Америки
Частичное	13 июля 2018 г.	3:02:16	**Частичное:** Южная Австралия, Виктория, Тасмания, Индийский океан, Берег Бадда
Частичное	11 августа 2018 г.	9:47:28	**Частичное:** Северо-Восточная Канада, Гренландия, Исландия, Северный Ледовитый океан, Скандинавия, север Британских островов, Россия, Северная Азия
Частичное	6 января 2019 г.	1:42:38	**Частичное:** Северо-Восточная Азия, юго-западная часть Аляски, Алеутские острова
Полное	2 июля 2019 г.	19:24:08	**Полное:** центральная часть Аргентины и Чили, Архипелаг Туамоту
			Частичное: Южная Америка, остров Пасхи, Галапагосские острова, южная часть Центральной Америки, Полинезия
Кольцеобразное	26 декабря 2019 г.	5:18:53	**Кольцеобразное:** северо-восточная часть Саудовской Аравии, Бахрейн, Катар, Объединенные Арабские Эмираты, Оман, Лакшадвип, Южная Индия, Шри-Ланка, Северная Суматра, Южная Малайзия, Сингапур, Борнео, центральная часть Индонезии, Палау, Микронезия, Гуам
			Частичное: Азия, западная часть Меланезии, Северо-Западная Австралия, Ближний Восток, Восточная Африка
Кольцеобразное	21 июня 2020 г.	6:41:15	**Кольцеобразное:** Демократическая Республика Конго, Судан, Эфиопия, Эритрея, Йемен, Руб-Эль-Хали, Оман, Южный Пакистан, Северная Индия, Нью-Дели, Тибет, Южный Китай, Чунцин, Тайвань
			Частичное: Азия, Юго-Восточная Европа, Африка, Ближний Восток, западная часть Меланезии, Западная Австралия, Северная территория, полуостров Кейп-Йорк
Полное	14 декабря 2020 г.	16:14:39	**Полное:** южная часть Чили и Аргентины, Кирибати, Полинезия
			Частичное: центральная и южная часть Южной Америки, Юго-Западная Африка, Антарктический полуостров, Земля Элсуэрта, западная часть Земли Королевы Мод
Кольцеобразное	10 июня 2021 г.	10:43:07	**Кольцеобразное:** Север Канады, Гренландия, Россия
			Частичное: Северная Америка, Европа, Азия
Полное	4 декабря 2021 г.	7:34:38	**Полное:** Антарктида
			Частичное: Южная Африка, Южная Атлантика

Прогноз затмений Фреда Эспенака (Fred Espenak), Центр космических полётов им. Годдарда (НАСА)

Приложение 2. Солнечные затмения 2021 – 2030 гг.

Тип	Дата	Момент наибольшего затмения (UTC)	Видимость затмения в географических регионах
Частичное	30 апреля 2022 г.	20:42:36	**Частичное:** юго-восточная часть Тихого океана, южная часть Южной Америки
Частичное	25 октября 2022 г.	11:01:20	**Частичное:** Европа, Северо-Восточная Африка, Ближний Восток, Западная Азия
Гибридное	20 апреля 2023 г.	4:17:56	**Гибридное:** Индонезия, Австралия, Папуа-Новая Гвинея
			Частичное: Юго-Восточнвя Азия, Ост-Индия, Филиппины, Новая Зеландия
Кольцеобразное	14 октября 2023 г.	18:00:41	**Кольцеобразное:** западная часть США, Центральная Америка, Колумбия, Бразилия
			Частичное: Северная Америка, Центральная Америка, Южная Америка
Полное	8 апреля 2024 г.	18:18:29	**Полное:** Мексика, центральная часть США, Восточная Канада
			Частичное: Северная Америка, Центральная Америка
Кольцеобразное	2 октября 2024 г.	18:46:13	**Кольцеобразное:** южная часть Чили, южная часть Аргентины
			Частичное: Азиатско-Тихоокеанский регион, южная часть Южной Америки
Частичное	29 марта 2025 г.	10:48:36	**Частичное:** Северо-Западная Африка, Европа, Россия
Частичное	21 сентября 2025 г.	19:43:04	**Частичное:** южная часть Азиатско-Тихоокеанского региона, Новая Зеландия, Антарктида
Кольцеобразное	17 февраля 2026 г.	12:13:06	**Кольцеобразное:** Антарктида
			Частичное: Южная Аргентина, Чили, Южная Африка, Антарктида
Полное	12 августа 2026 г.	17:47:06	**Полное:** Арктика, Гренландия, Исландия, Испания, Португалия
			Частичное: Северная Америка, Западная Африка, Европа
Кольцеобразное	6 февраля 2027 г.	16:00:48	**Кольцеобразное:** Чили, Аргентина, Атлантика
			Частичное: Южная Америка, Антарктида, Западная и Южная Африка
Полное	2 августа 2027 г.	10:07:50	**Полное:** Марокко, Испания, Алжир, Ливия, Египет, Саудовская Аравия, Йемен, Сомали
			Частичное: Африка, Европа, Ближний Восток, Западная и Южная Азия
Кольцеобразное	26 января 2028 г.	15:08:59	**Кольцеобразное:** Эквадор, Перу, Бразилия, Суринам, Испания, Португалия
			Частичное: восточная часть Северной Америки, Центральная и Южная Америка, Западная Европа, Северо-Западная Африка
Полное	22 июля 2028 г.	2:56:40	**Полное:** Австралия, Новая Зеландия
			Частичное: Юго-Восточная Азия, Ост-Индия
Частичное	14 января 2029 г.	17:13:48	**Частичное:** Северная Америка, Центральная Америка
Частичное	12 июня 2029 г.	4:06:13	**Частичное:** Арктика, Северная Азия, Скандинавия, Аляска, Северная Канада
Частичное	11 июля 2029 г.	15:37:19	**Частичное:** южная часть Чили и Аргентины
Частичное	5 декабря 2029 г.	15:03:58	**Частичное:** южная часть Аргентины, Чили, Антарктида
Кольцеобразное	1 июня 2030 г.	6:29:13	**Кольцеобразное:** Алжир, Тунис, Греция, Турция, Россия, Северный Китай, Япония
			Частичное: Европа, Северная Африка, Ближний Восток, Азия, Арктика, Аляска
Полное	25 ноября 2030 г.	6:51:37	**Полное:** Ботсвана, Южная Африка, Австралия
			Частичное: Южная Африка, южная часть Индийского океана, Ост-Индия, Австралия, Антарктида

Прогноз затмений Фреда Эспенака (Fred Espenak), Центр космических полётов им. Годдарда (НАСА)

Приложение 3. Карта летнего звездного неба северного полушария*

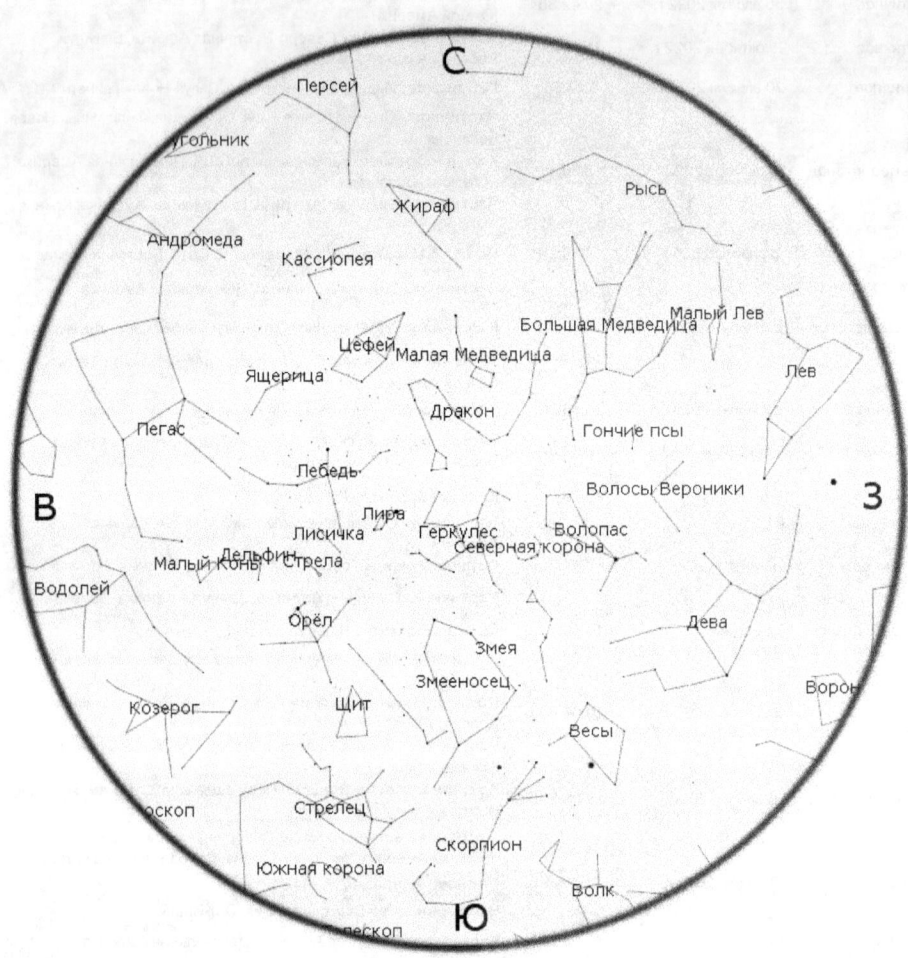

* Карта составлена для 45° северной широты.

Приложение 4. Карта зимнего звездного неба северного полушария*

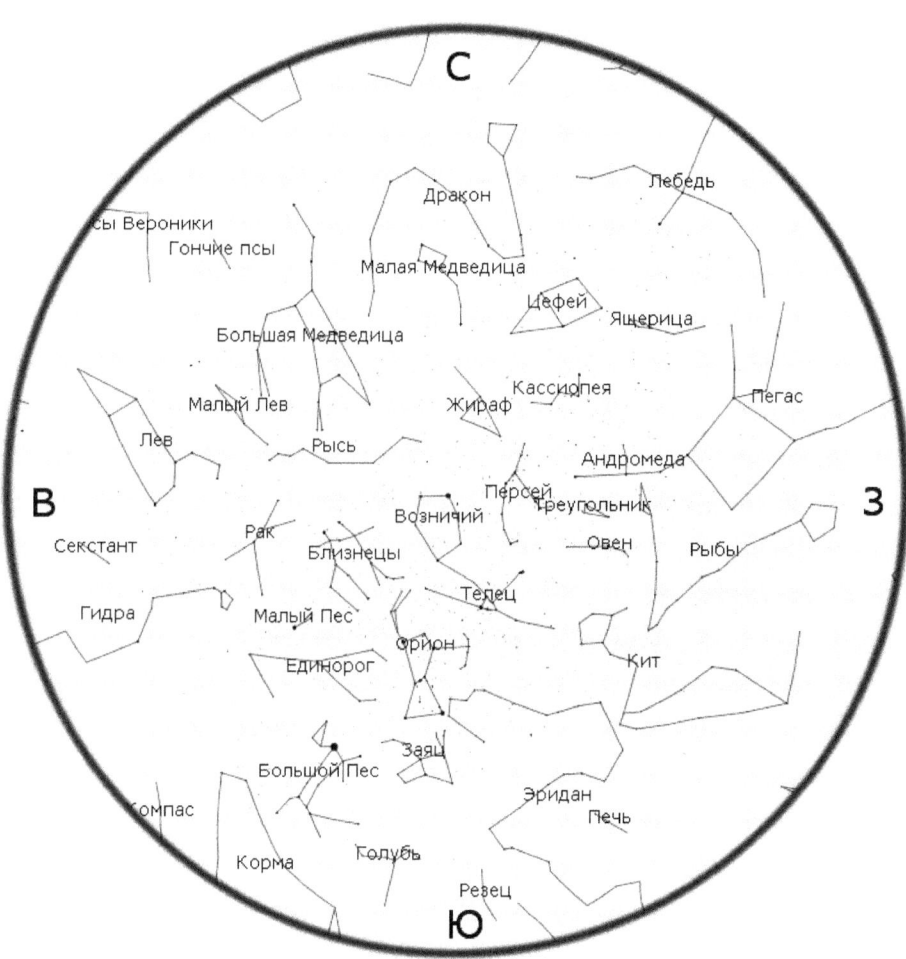

* Карта составлена для 45° северной широты.

9 781530 794515